JN274917

大舘一夫・長谷川明監修
都会のキノコ図鑑刊行委員会著

都会のキノコ図鑑

八坂書房

はじめに

キノコを楽しむ 「トガリアミガサタケ発生。明朝9時H駅集合」菌友Kからのメールである。H駅前の桜並木は、Kが長年キノコ観察を続けている彼のシロだ。「自分のシロは他人に教えない、他人のシロには行かない」というのが、私たちキノコ人(ひと)の取り決めではあるが、今回の観察会は、図鑑制作という大義のもと、それぞれのシロを今年にかぎり公開するという特別措置によるものだ。

翌朝9時。H駅前には8人ほどが集まった。桜は満開。休日でもあり桜並木はすでに花見客で溢れていた。その中を、花には目もくれず、ひたすら地上に目を凝らして徘徊する一行はいかにも怪しげであった。ほどなく、桜の樹下ツツジの植えこみの中に、見事なトガリアミガサタケの群生を見つけた。いよいよ撮影となったが、これが大変な事態を引き起こした。なにせあたりは溢れるばかりの人の波。しかも彼らは花を見る以外することのない人たちだ。たちまちのうちにできる人だかり。何をしているのか、そのキノコの名前は何か、食べられるのかなどなど質問の嵐。こうギャラリーが多くてはとても落ち着いて撮影などできるものではない。そこで、人あしらいのうまいSに交通整理と解説を担当してもらうことになった。こんな役は人のよいSがいつも引き受ける。したがってSの写真の腕前は一向に上達しない。以後、3箇所ほどでキノコを見つけたが、Sの奮闘のおかげで撮影はスムーズに進んだ。観察会が終わる頃には喉も渇き腹時計も昼を告げていた。駅前食堂でのアフターキノコは、ギャラリーに煩わされることもなく、いつものように心ゆくまでキノコ談義に花を咲かせることができた。

キノコと出会うには 観察会を楽しみ、撮って、描いて、料理して、顕微鏡を覗いて、キノコ人たちはそれぞれの世界でキノコを楽しんでいる。しかし、キノコを楽しむにはまずキノコに出会わなければならない。キノコに出会うにはどう

すればよいか。どこか遠くの山へでも行かなくてはならないのだろうか。私自身、いる菌友たちも、ある経験をするまでは、みなそう思っていた。その経験とは、今から十数年前のある日、梅雨の晴れ間に近くの公園を散歩していたとき、見事なハタケシメジの群生を見つけた。さっそく菌友たちに呼びかけ、それぞれが身近なところで探してみたところ、たちまち数十種のキノコが見つかったというもので、今ではその数３００種に達しようとしている。

キノコに出会うために、なにも遠くの野山へ出かけることはない。街にもキノコはすんでいる。街路樹の幹に、その樹下に、歩道の植えこみの中に、草むらに、落ち葉の中にと、キノコはどこにでもいる。都会には案内公園が多い。市街地には人工的な都市型公園があるし、郊外へ出かければ、かつて里山と呼ばれた雑木林をそのまま公園にした自然型公園がある。そのいずれにも、それぞれの環境に応じた生き方をするキノコがすんでいる。

キノコを知ろう　キノコと出会っても、その素性がわからなければ、簡単にお近づきにはなれない。彼らを知る第一歩。それは彼らの名前を知ることだろう。さほどの荷物にならないこの図鑑を携えて、近くの公園の散歩に、郊外の里山公園の散策に、ぜひ出かけていただきたい。そこでは、季節に応じたさまざまなキノコに出会えることだろう。キノコを見つけたら、図鑑を繰ってみよう。目の前にいるキノコと同じ写真がそこに現れたとき、その出会いはさらに感動的なものとなる。そうして名前を知ったキノコは、生涯の友となり、やがて深遠なキノコの世界へあなたをいざなうことになるだろう。

キノコを通して都会の自然を見る　「都会には自然がない」とはよく耳にする言葉である。公園に見られる木々は、一見森の態はしていてもそのほとんどが植栽されたもので、その地の植生を持たないことが多い。しかし、そこは生き物と無関係の死の森かというと、虫がすみ、野鳥が集い、雑草は後を絶たず、落ちた木の実は次々と芽を出し、思わぬところにきのこが顔を出す。都会には自然がないなどというのは、案外人間の思い上がりかもしれない。自然を破壊して人工物を

キノコは自分で養分をつくらない生き物であるから、それをほかの生き物に頼っている。したがって、キノコがすんでいるところには必ず生き物たちがいる。キノコが生態系のネットワークの中心といわれる所以である。自然がないといわれる都会で、したたかに、そしてひっそりと生きる生き物たちを、キノコを通して発見していただきたい。

『都会のキノコ』から『都会のキノコ図鑑』へ——前著『都会のキノコ——身近な公園キノコウォッチングのすすめ——』は、都会にすむキノコを紹介するとともに、キノコがどんな生き物か、キノコとどう付き合い、どう楽しむかを解説するキノコの入門書でもあった。そのため掲載できる写真の数もかぎられ、都会にすむキノコを充分には紹介できなかった。この不足を補う機会を得ることになり、前著『都会のキノコ』を刊行することになったたび八坂書房から、都会にすむ生き物を取り上げた図鑑シリーズの一冊として、『都会のキノコ図鑑』を刊行することに発生する種にかぎったが、本図鑑ではその観察範囲を郊外も含めた一都三県（東京・埼玉・神奈川・千葉）に広げ、都会に住む方々が、半日程度で散歩や散策に出かけられる市街地や郊外にある公園を中心に、そこで比較的よく見かけるキノコ267種を取り上げた。

前著が、その制作過程で多くの菌友たちの協力を得た経緯から、『都会のキノコ図鑑』は、「キノコ入門」講座スタッフによる刊行委員会で制作することとなった。この図鑑が、キノコの世界の、都会の自然の、そして読者諸氏の新しい世界の発見に役立つとすれば、刊行委員一同のこのうえない喜びである。

大舘　一夫

つくり、自然を征服したつもりでいるが、どうして、生き物はしたたかに、またひっそりと都会で生き続けている。また、彼らは単独で生きているわけではない。鳥は虫を狙い、虫は木の葉を食み、樹木はキノコと共生する。虫はきのこを食べて胞子を運び、鳥は木の実を食べて種子を運ぶ。そこには生態系が存在し、彼らは共生のネットワークでつながっている。

本書の組み立て

はじめに 3

目次 7

キノコとは 11
キノコはどんな生き物か 11／キノコの分類 12／きのこの型 12／きのこのつくり 12／五分類群への検索 13

用語解説 14

凡例 18

ハラタケ類 19
ハラタケ類のきのこの型 20／ハラタケ類のきのこのつくり 20／ハラタケ類の科の検索 22

ヒダナシタケ類 165
ヒダナシタケ類のきのこの型 166／ヒダナシタケ類のきのこのつくり 166／ヒダナシタケ類の子実層托 166

腹菌類 211
腹菌類のきのこの型 212／腹菌類のきのこのつくり 212

キクラゲ類 229
キクラゲ類のきのこの型 230／キクラゲ類のきのこのつくり 230／キクラゲ類の担子器の型 230

チャワンタケ類 237
チャワンタケ類のきのこの型 238／チャワンタケ類のきのこのつくり 238

◆コラム・キノコを楽しむ◆

きのこを食べる楽しみとそのリスク 根上明士 30

ハマのハマシメジ 大舘一夫 44

テングタケで分類入門 真藤憲政 58

顕微鏡で見るキノコの世界 木原正博 85

キノコを描いて楽しむ 岡田宗男 105

柳の下の二匹目のヌメリイグチ 堀田依利 122

キノコを食べる虫 土井甲太郎 140

ベニタケの同定はむずかしい 土井倫平 154

観察会を楽しむ 長谷川明 164

自然の造形、きのこの形を楽しむ 土井甲太郎 208

参考図書 256

キノコ名索引 和名索引／学名索引

目次

- ここでは本巻に見出しとして掲げたキノコ名を、収録順に、科ごとにまとめて示した。
- 別名や解説文中に出てくるキノコ名などを含めた総索引は巻末を参照されたい。

◆ハラタケ類 19

ヒラタケ科
- ヒラタケ 24
- トキイロヒラタケ 24
- アラゲカワキタケ 25
- スエヒロタケ 26
- マツオウジ 27

ヌメリガサ科
- アカヤマタケ 28
- オオヒメノカサ 29

キシメジ科
- ハタケシメジ 31
- ヤグラタケ 32
- キツネタケ 33
- ウラムラサキ 33
- カレバキツネタケ 34
- ハイイロシメジ 35
- ムラサキシメジ 36
- コムラサキシメジ 36
- サマツモドキ 37
- ウラムラサキシメジ 38
- ハマシメジ 39
- シロシメジ 40
- カキシメジ 41
- キヒダマツシメジ 41
- ナラタケ 42
- ワタゲナラタケ 42
- ナラタケモドキ 43
- オリーブサカズキタケ 45
- コザラミノシメジ 46
- エセオリミキ 47
- モリノカレバタケ 48
- アマタケ 48
- ツエタケ 49

テングタケ科
- ヒメコナカブリツルタケ 56
- テングタケダマシ 57
- テングタケ 57
- ウスキテングタケ 60
- ツルタケ 61
- カバイロツルタケ 61
- オオツルタケ 62
- テングツルタケ 63
- オオホウライタケ 50
- シバフタケ 50
- ハナオチバタケ 51
- スジオチバタケ 51
- クヌギタケ 52
- サクラタケ 52
- アミヒカリタケ 53
- ヒメカバイロタケ 54
- エノキタケ 55
- タマゴタケ 64
- キタマゴタケ 65
- ドウシンタケ 66
- アカハテングタケ 67
- コテングタケモドキ 68
- フクロツルタケ 69
- ドクツルタケ 70
- シロテングタケ 71
- ガンタケ 72
- ヘビキノコモドキ 73
- シロオニタケ 74
- コトヒラシロテングタケ 75

ウラベニガサ科
- シロフクロタケ 76
- コフクロタケ 76
- ウラベニガサ 77
- ベニヒダタケ 78

ハラタケ科

カラカサタケ 79
マントカラカサタケ 79
アカキツネガサ 80
ツブカラカサタケ 81
ザラエノハラタケ 82
ウスキモリノカサ 83
ナカグロモリノカサ 83
オニタケ 84

ヒトヨタケ科
ササクレヒトヨタケ 86
ヒトヨタケ 87
ザラエノヒトヨタケ 88
ホソネヒトヨタケ 89
キララタケ 90
コキララタケ 90
イヌセンボンタケ 91
イタチタケ 92
ムジナタケ 93

オキナタケ科
シワナシキオキナタケ 94
フミヅキタケ 95
ツバナシフミヅキタケ 95

ツチナメコ 96
ヤナギマツタケ 97
タマムクエタケ 98
キコガサタケ 99
ハタケコガサタケ 99

モエギタケ科
サケツバタケ 100
キサケツバタケ 100
クリタケ 101
ニガクリタケ 102
スギタケ 103
ツチスギタケ 104

フウセンタケ科
オオキヌハダトマヤタケ 106
カブラアセタケ 106
コバヤシアセタケ 107
シロニセトマヤタケ 108
ヒメワカフサタケ 109
カワムラフウセンタケ 110
ウメウスフジフウセンタケ 111
ミドリスギタケ 112
オオワライタケ 113

チャヒラタケ科
クリゲノチャヒラタケ 114

イッポンシメジ科
キイボカサタケ 115
アカイボカサタケ 115
クサウラベニタケ 116
イッポンシメジ 116
ウラベニホテイシメジ 117
ハルシメジ 118
ケヤキハルシメジ 119

ヒダハタケ科
サケバタケ 120
イチョウタケ 120

イグチ科
クリイロイグチ 121
ヌメリイグチ 123
チチアワタケ 124
ゴヨウイグチ 124
タマノリイグチ 125
キヒダタケ 126
イロガワリキヒダタケ 126
イロガワリ 126
ヤマドリタケモドキ 127

ムラサキヤマドリタケ 128
キアミアシイグチ 129
コガネヤマドリ 130
ニセアシベニイグチ 131
ミドリニガイグチ 132
アケボノアワタケ 132
ウラグロニガイグチ 133
ニガイグチモドキ 134
ホオベニシロアシイグチ 136
アカヤマドリ 136
スミゾメヤマイグチ 137

オニイグチ科
オニイグチ 138
ベニイグチ 139

ベニタケ科
アイバシロハツ 141
シロハツモドキ 142
クロハツ 143
クロハツモドキ 143
クサハツ 144
クサハツモドキ 144
オキナクサハツ 145

ニセクサハツ 146
キチャハツ 146
カワリハツ 147
ニオイコベニタケ 148
ケショウハツ 149
アイタケ 150
ヒビワレシロハツ 151
ドクベニタケ 152
ニシキタケ 153
シュイロハツ 153
ケシロハツ 155
ツチカブリ 155
ツチカブリモドキ 156
ケシロハツモドキ 156
ニオイワチチタケ 157
チチタケ 158
ヒロハチチタケ 158
ヒロハシデチチタケ 159
キチチタケ 160
アカハツ 160
アカモミタケ 161
ハツタケ 162
モチゲチチタケ 163

◆ヒダナシタケ類 165

アンズタケ科
アンズタケ 167
ヒナアンズタケ 167
ベニウスタケ 168
クロラッパタケ 169

シロソウメンタケ科
ムラサキナギナタタケ 170
シロソウメンタケ 170
フサタケ 171
シロヒメホウキタケ 172

カレエダタケ科
カレエダタケ 173
カレエダタケモドキ 173

コウヤクタケ科
アイコウヤクタケ 174
ヒイロハリタケ 174

ウロコタケ科
カミウロコタケ 175
モミジウロコタケ 176
チウロコタケ 176
チャウロコタケ 177
シワタケ 178

カンゾウタケ科
カンゾウタケ 179

ニンギョウタケモドキ科
アオロウジ 180

タコウキン科
センベイタケ 181
アミヒラタケ 182
アミスギタケ 183
ハチノスタケ 183
スジウチワタケモドキ 184
ツヤウチワタケ 185
ウチワタケ 185
ヒトクチタケ 186
ニクウチワタケ 187
マイタケ 188
ヒラフスベ 189
オシロイタケ 190
ニッケイタケ 191
ヒイロタケ 192
ホウロクタケ 193
チリメンタケ 194
オオチリメンタケ 194
カワラタケ 195
クジラタケ 196
アラゲカワラタケ 196
ニクウスバタケ 197
ミダレアミタケ 198
カイガラタケ 198
シラゲタケ 199
ヤケイロタケ 200
ヒメモグサタケ 200
レンガタケ 201
チャカイガラタケ 202
ベッコウタケ 203
エゴノキタケ 204
ホウネンタケ 205

マンネンタケ科
マンネンタケ 206
コフキサルノコシカケ 207

タバコウロコタケ科
サジタケ 209
ネンドタケ 210

◆腹菌類 211

ツチグリ科
ツチグリ 213

ニセショウロ科
ヒメカタショウロ 214

タマハジキタケ科
タマハジキタケ 215

チャダイゴケ科
コチャダイゴケ
ハタケチャダイゴケ 216

ヒメツチグリ科
エリマキツチグリ 216

ホコリタケ科
ホコリタケ 217
オニフスベ 218
ノウタケ 219
ホコリタケ 220
シバフダンゴタケ 220

アカカゴタケ科
カゴタケ 221
ツマミタケ 222
サンコタケ 223
カニノツメ 224

スッポンタケ科
スッポンタケ 225

プロトファルス科
キツネノタイマツ
シラタマタケ 227

ショウロ科
ショウロ 228

◆キクラゲ類 229

シロキクラゲ科
シロキクラゲ 231
ハナビラニカワタケ
ロウタケ 232

キクラゲ科
キクラゲ 233
アラゲキクラゲ 233

ヒメキクラゲ科
タマキクラゲ 234
ヒメキクラゲ 235
ツノマタタケ 236

◆チャワンタケ類 237

キンカクキン科
キツネノヤリタケ 239
ツバキキンカクチャワンタケ 240

クロチャワンタケ科
オオゴムタケ 241

ベニチャワンタケ科
シロキツネノサカズキ 242
ミミブサタケ 243

ノボリリュウタケ科
アシボソノボリリュウタケ
クロノボリリュウタケ 244

アミガサタケ科
アミガサタケ 245
チャアミガサタケ 245

トガリアミガサタケ 246

ピロネマキン科
ベニサラタケ 247

チャワンタケ科
オオチャワンタケ
フジイロチャワンタケモドキ 248

バッカクキン科
サナギタケ 249

スチルベラ科
ツクツクボウシタケ
ハナサナギタケ
コナサナギタケ 250
クモタケ
オサムシタケ 251
カエンタケ

ニクザキン科
ニクザキン 253

クロサイワイタケ科
チャコブタケ
クロコブタケ 254
マメザヤタケ 255

キノコとは

キノコはどんな生き物か

きのこは花 地上や樹上に発生するきのこは、植物の花に相当する生殖器官で子実体ともいう。花が種子をつくるのに対し、きのこは胞子をつくり、散布して繁殖をはかる。

胞子は生殖細胞 胞子は、繁殖という点では種子と同じだが、種子が卵と精子の受精によってできる胚であるのに対し、胞子は卵または精子に相当する生殖細胞である。

キノコの本体は菌糸 胞子が発芽して菌糸となり、地中や動・植物の体内に伸長する。菌糸は細長い細胞が縦につながっただけの簡単な構造だが、植物の根・茎・葉に相当するキノコの本体で、菌糸ときのこ（子実体）でキノコ（個体）は成り立っている。菌糸を本体とし、胞子をつくる生物を菌類といい、きのこ（子実体）をつくらないカビやコウボもキノコの仲間である。

キノコは養分をつくらない キノコは、自らは養分をつくらず、それをほかの生物から摂取する。これを従属栄養といい、その栄養法には、生物の死骸や排泄物から養分をとる腐生、生きた生物からとる寄生、植物の根に菌根という連結部をつくって物質交換を行う共生などがあり、その栄養法により、それらのキノコを腐生菌、寄生菌、共生菌（菌根菌）とよぶ。

キノコは植物でも動物でもない キノコを含む菌類は、その体制、生殖法、栄養法のいずれにおいても植物、動物とは異なり、進化の歴史も異なっている。さらに、原生生物界、原核生物界を加えた生物五界説では、キノコは真菌界に属することになる。

```
          ┌─ 植物界
          ├─ 動物界
          ├─ 真菌界 ──┬─ ツボカビ門
          │          ├─ 接合菌門
          │          ├─ 子のう菌門（＝チャワンタケ類）
          │          └─ 担子菌門
          ├─ 原生生物界
          └─ 原核生物界
```

キノコはリサイクルシステムの主役 原始生物の栄養法は有機物の分解・吸収で始まり、やがて有機物を生産する植物、消費する動物が出現し、分解・吸収は菌類に受け継がれた。これにより完成したリサイクルシステムがその後の生物の進化の歴史を支えた。キノコは有機物を

最終的に無機物に戻し植物に供給する。まさにリサイクルシステムの主役といえる。

キノコの分類

真菌界で、きのこ（子実体）をつくる菌類（キノコ）は、おもに子のう菌門（＝チャワンタケ類）、担子菌門に属し（前ページ表参照）、本図鑑では、それらを五分類群（チャワンタケ類、キクラゲ類、腹菌類、ヒダナシタケ類、ハラタケ類）に分けて収録した。五分類群の特徴と検索表を次ページに示すが、検索表に見るように、五つの分類群は同じ階級ではない。なお、ハラタケ類の科の検索表は本図鑑のハラタケ類のところに示す。

きのこの型

本図鑑では、きのこ（子実体）の形状について、各分類群（キクラゲ類を除く）ごとにきのこの型を定め、解説では、きのこ全体の形をその型で示す。それぞれのきのこの型についての図と解説は、各分類群の中扉と解説で示す。

きのこのつくり

きのこは、胞子をつくる部分とそれを支持、保護する部分により成り立つ。本図鑑では、きのこのつくりは各分類群の解説で示し、ハラタケ類については「用語解説」の図（15ページ）にも示す。

子実層と子実層托
きのこで、胞子をつくる場所を子実層といい、子実層のある場所を子実層托という。子実層托には、担子菌ではヒダ（襞）、管孔、ハリ（針）など、子のう菌（チャワンタケ類）では子のう果（子のう盤、子のう殻）がある（きのこ全体が子のう果の場合もある）。胞子をつくる細胞を、担子菌では担子器、子のう菌では子のう（嚢）または子のう（嚢）という。本図鑑では、子実層、子実層托、担子器、子のうの図と解説は各分類群に示す。

胞子と胞子紋
胞子の形状と色は、キノコ同定の重要な判断基準である。また、堆積した胞子による模様を胞子紋といい、胞子紋の色もまた重要な判断基準となるが、無色の胞子の胞子紋が白であるように、胞子の色と胞子紋の色は必ずしも同じではない。

☆生き物としてのキノコについては、既刊『都会のキノコ──身近な公園キノコウォッチング──』（八坂書房）で詳しく解説してある。

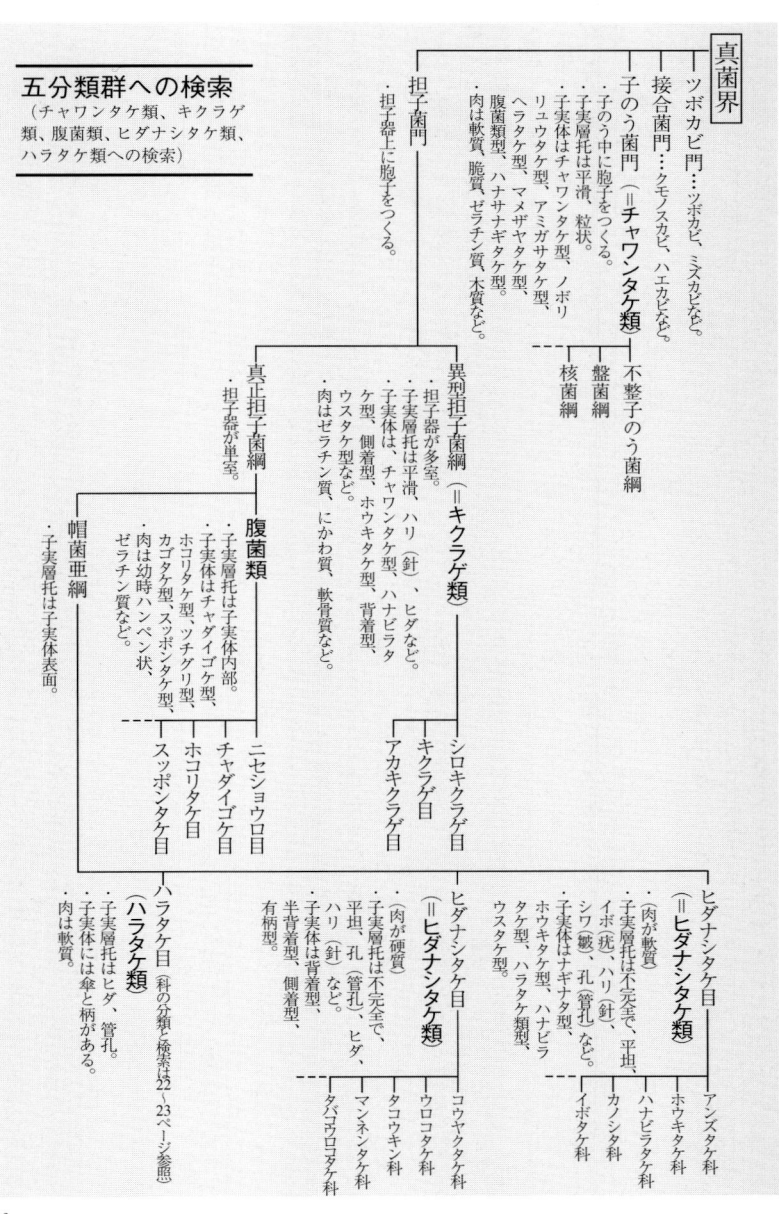

五分類群への検索
（チャワンタケ類、キクラゲ類、腹菌類、ヒダナシタケ類、ハラタケ類への検索）

- **真菌界**
  - 接合菌門…クモノスカビ、ハエカビなど。
  - 子のう菌門（＝**チャワンタケ類**）
    - 子のう中に胞子をつくる。
    - 子実層托は平滑、粒状。
    - 子実体はチャワンタケ型、アミガサタケ型、ノボリリュウタケ型、マメザヤタケ型、ヘラタケ型、ハナサナギタケ型。
    - 肉は軟質、脆質、ゼラチン質、木質など。
    - 不整子のう菌綱
    - 核菌綱
    - 盤菌綱
  - 担子菌門
    - 担子器上に胞子をつくる。
    - 異型担子菌綱（＝**キクラゲ類**）
      - 担子器が多室。
      - 子実層托は平滑、ハリ（針）、ヒダなど。
      - 子実体は、チャワンタケ型、ホウキタケ型、ハナビラタケ型、側着型、背着型、ウスタケ型など。
      - 肉はゼラチン質、にかわ質、軟骨質など。
      - シロキクラゲ目
      - キクラゲ目
      - アカキクラゲ目
    - 真正担子菌綱
      - 担子器が単室。
      - **腹菌類**
        - 子実層托は子実体内部。
        - 子実体はチャダイゴケ型、ホコリタケ型、ツチグリ型、カゴタケ型、スッポンタケ型など。
        - 肉は幼時ハンペン状、ゼラチン質。
        - ニセショウロ目
        - チャダイゴケ目
        - ホコリタケ目
        - スッポンタケ目
      - 帽菌亜綱
        - 子実層托は子実体表面。
        - ヒダナシタケ目（＝**ヒダナシタケ類**）
          - 肉が軟質。
          - 子実層托は不完全で、平坦、シワ（皺）、孔（管孔）、イボ（疣）、ハリ（針）、ヒダなど。
          - 子実体はナギナタ型、ホウキタケ型、ハナビラタケ類型、ハラタケ類型、ウスタケ型。
          - 肉が硬質。
          - 子実層托は不完全で、平坦、孔（管孔）、ヒダ、シワ、イボ、ハリ（針）など。
          - 子実体は背着型、側着型、半背着型、有柄型。
          - ホウキタケ科
          - ハナビラタケ科
          - アンズタケ科
          - イボタケ科
          - カノシタ科
          - マンネンタケ科
          - タコウキン科
          - ウロコタケ科
          - コウヤクタケ科
          - タバコウロコタケ科
        - ハラタケ目（科の分類と検索は22～23ページ参照）
          - （＝**ハラタケ類**）
          - 子実層托はヒダ、管孔。
          - 子実体には傘と柄がある。
          - 肉は軟質。

用語解説

- ここでは本図鑑中で用いたキノコに関する用語についての解説を掲げた。
- 本文中でより詳しい解説をしているものについては、参照ページを示した。

アカキクラゲ型 キクラゲ類の担子器の型。230ページ参照。

亜種 分類群の階級で、種の下の二次的階級。

亜属 分類群の階級で、属の下の二次的階級。58・59ページ参照。

孔 子実層托の形。166ページ参照。

アミガサタケ型 チャワンタケ類のきのこの型。237・238ページ参照。

イグチ型 ハラタケ類のきのこの型。19・20ページ参照。

異型担子菌綱 キクラゲ類のこと。13ページ参照。

イボ（疣） 子実層托の形。166ページ参照。

ウスタケ型 ヒダナシタケ類のきのこの型。165・166ページ参照。

薄歯状 子実層托の形。166・197ページ参照。

団扇形 ハラタケ類の傘の形。21ページ参照。

ウラベニガサ型 ハラタケ類のきのこの型。19・20ページ参照。

柄 きのこの部分。15ページ図・21ページ参照。

円座 腹菌類のきのこの部分。212ページ参照。

円錐形 ハラタケ類の傘の形。21ページ参照。

円筒形 ハラタケ類の傘の形。21ページ参照。

科（名） 分類群の階級で、目の下の階級。

階級 分類群の階級で上位から、界、門、綱、目、科、属、種の順になる。11ページ参照。

外生菌根菌 菌糸が植物の細胞内に入らずに菌根をつくる菌根菌。

外皮 腹菌類のきのこの部分。212ページ参照。

外被膜 ハラタケ類の幼菌全体をおおう膜で、成熟後傘や柄に残りイボやツボとなる。15ページ図・58ページ参照。

隔生 子実層托が柄につく形。21ページ参照。

殻皮 腹菌類のきのこの部分。212ページ参照。

隔壁 菌糸の細胞間を仕切る壁。230ページ参照。

学名 ラテン語で表記される階級名で、種名は属名と種形容語で示す。18ページ参照。

カゴタケ型 腹菌類のきのこの型。211・212ページ参照。

傘 きのこの部分。15ページ図・21ページ参照。

褐色腐朽菌 材を褐色にする腐生菌。193ページ参照。

カヤタケ型 ハラタケ類のきのこの型。19・20ページ参照。

管孔 子実層托の形。12・20・21・166ページ参照。

完全型 冬虫夏草の有性世代のこと。249・251ページ参照。

環紋 傘表面の色の違いや濃淡、鱗片の密度差などによりできる同心円状の模様。

カゴタケ型 キクラゲ類の担子器の型。230ページ参照。

キクラゲ類 異型担子菌綱のこと。五分類群のひとつ。12・13・230ページ参照。

キシメジ型 ハラタケ類のきのこの型。19・20ページ参照。

寄生（菌） キノコの栄養法（その栄養法をとる菌）。11ページ参照。

キノコ・きのこ 本図鑑では、キノコの各分類群におけるきのこの形状を表す型一つ個体を「キノコ」と表記する。11ページ参照。子実体を「きのこ」、菌糸ときのこで成り立つ。12ページ参照。

基本型＝グレバ 腹菌類のきのこの柄の形状。21ページ参照。

球根状 ハラタケ類のきのこの柄の形状。21ページ参照。

クヌギタケ型 ハラタケ類のきのこの型。19・20ページ参照。

菌類 菌糸を本体とし、胞子をつくる生物です。11ページ参照。

菌輪 きのこが地上に輪を描くように発生したもの。左図参照。

菌糸束 菌糸が集合して紐状になり、きのこから材や地中につらなる組織。

菌糸(菌) キノコの本体。11ページ参照。

菌根(菌) 植物の根と菌糸の連結部(を持つ菌類)。11ページ参照。

菌核 菌糸が集合して塊状になったもので、休眠が可能で、きのこを発生する。

鋸菌状 子実層托の形。166ページ参照。

共生(菌) キノコの栄養法(その栄養法をとる菌)。11ページ参照。

クモの巣状の内被膜(ツバ) 糸状の内被膜で、幼時、子実層托をクモの巣状におう。上図、39ページ参照。

グレバ=基本体 腹菌類のきのこの部分。

群生 多数のきのこが分立して発生するさま。

原核生物(界) 細胞中に核を持たない単細胞の生物群。11ページ参照。

原生生物(界) 細胞中に核を持つ単細胞の生物群。11ページ参照。

孔縁盤 腹菌類のきのこの部分。212ページ参照。

孔口 管孔の開口部で、胞子の放出口。

小ヒダ 担子器の部分。21・58ページ参照。

厚壁胞子 無性的につくられる細胞壁が厚い胞子。32ページ参照。

棍棒状 ハラタケ類のきのこの柄の形。

子座 チャワンタケ類のきのこの部分。

子実層 胞子がつくられる部分。21・238ページ参照。

子実層托 子実層がある部分。12・20・238ページ参照。

子実体 きのこのこと。11・12ページ参照。

糸状胞子シスチジア おもに子実層にある不稔細胞で、ときに傘や柄にもある。85ページ参照。

子のう チャワンタケ類の子実層托をつくる細胞。12・238ページ参照。

子のう菌門 チャワンタケ類のこと。11・13ページ参照。

子のう殻 子のう果の一種。12・238ページ参照。

子のう果 チャワンタケ類の子実層托および子実体。238ページ参照。

子のう盤 子のう果の一種。12・238ページ参照。

上生 子実層托が柄につく形。21ページ参照。

小塊粒 腹菌類のきのこの部分。212・216ページ参照。

条線 傘の周辺にある放射状の線および柄の表面にある縦の線。上図および58・59ページ参照。

小柄 担子器の部分。20・230ページ参照。

重生 多数のきのこが重なりあって発生するさま。

シロ 本来マツタケの発生場所の意。本書ではキノコ全般に汎用する。

シロキクラゲ型 キクラゲ類の担子器の型。230ページ参照。

シワ（皺） 子実層托の形。166ページ参照。

髄状 柄の中心の組織が充実せず海綿状であること。

垂生 子実層托が柄につく形。21ページ参照。

スッポンタケ型 腹菌類のきのこの型。211・212ページ参照。

節 分類群の階級で、属（または亜属）の下の二次的階級。58・59ページ参照。

疎 ヒダや孔口の間隔が離れていること。

養生 多数のきのこが密生するさま。

属（名） 分類群の階級で、科の下の階級。

側生 柄が傘の縁につくさま。

側糸 チャワンタケ類の子実層中にある糸状の不稔細胞。165・166ページ参照。

束生 多数のきのこの基部が密着して束状に発生するさま。

托 腹菌類のきのこの部分。212ページ参照。

托枝 担子菌類のきのこの部分。212ページ参照。

担子器 担子菌類の胞子をつくる細胞。12・20ページ参照。

担子菌門 担子器で胞子をつくる菌類。11・13・20ページ参照。

担子胞子 担子器でつくられた胞子。12・20ページ参照。

チャダイゴケ型 腹菌類のきのこの型。211・212ページ参照。

チャワンタケ型 チャワンタケ類のきのこの型で、五分類群のひとつ。11・13・237・238ページ参照。

チャワンタケ類 チャワンタケ類のきのこの型。237・238ページ参照。

中空 きのこの柄が空洞であること。

中実 きのこの柄の中心が充実していること。

中心生 柄が傘の中心についていること。

中皮 腹菌類のきのこの部分。212ページ参照。

直生 子実層托が柄につく形。21・212ページ参照。

ツチグリ型 腹菌類のきのこの型。211・212ページ参照。

ツバ 内被膜が成熟後柄の基部から外れて柄に垂下したもの。15ページ図および58・59ページ参照。

ツボ 外被膜が成熟後ヒダの基部に残ったもの。15ページ図および58・59ページ参照。

釣鐘形 ハラタケ類の傘の形。21ページ参照。

同定 きのこの属する分類群を決めること。

内皮 腹菌類のきのこの部分。212ページ参照。

二次胞子 チャワンタケ類の胞子の形のひとつ。249ページ参照。

粘性 滑りのあること。傘や柄の表面にある外被膜起源の粘液や表皮細胞が分泌する粘液による。

ナギナタタケ型 ヒダナシタケ類のきのこの型。15ページ図および58・59ページ参照。

内被膜 幼時、きのこのヒダをおおう膜で、成熟後柄に垂下してツバとなる。15ページ図および58・59ページ参照。

ノボリリュウタケ型 チャワンタケ類のきのこの型。237・238ページ参照。

背着（生、型） ヒダナシタケ類のきのこの形状（その型）。165・166ページ参照。

白色腐朽菌 材を白くする腐生菌。174ページ参照。

ハナサナギタケ型 チャワンタケ類のきのこの型。237・238ページ参照。

ハナビラタケ型 ヒダナシタケ類のきのこの型。165・166ページ参照。

破片状のイボ 傘に残った内被膜の形状。58・59ページ参照。

破片状のツボ 柄の基部に残った内被膜の形状。58・59ページ参照。

16

ハラタケ類（目）　五分類群のひとつ。12・13・19・20ページ参照。

ハラタケ類型　ヒダナシタケ類のきのこの型。165・166ページ参照。

判断基準　分類群を同定する時に規準となる形質。22・85ページ参照。

半球形　ハラタケ類の傘の形。12・20・166ページ参照。

半背着（生、型）　ヒダナシタケ類のきのこの形状（その型）。165・166ページ参照。

ハリ（針）　子実層托の形。12・20・166ページ参照。

ヒダ（褶）　子実層托の形。15ページ図および12・20・21ページ参照。

ヒダナシタケ類（目）　五分類群のひとつ。12・13・165・166ページ参照。

ヒダの液化　ヒダを自ら溶解して胞子を滴下すること。86〜90ページ参照。

ヒメキクラゲ型　キクラゲ類の担子器の型。230ページ参照。

ヒラタケ型　ハラタケ類のきのこの型。19・20ページ参照。

品種　分類群の階級で、変種の下の二次的階級。18ページ参照。

不完全型　冬虫夏草の無性世代。251ページ参照。

腹菌類　きのこの内部で胞子をつくる担子菌門のキノコ。五分類群のひとつ。12・13・211・212ページ参照。

腹菌類型　チャワンタケ類のきのこの型。237・238ページ参照。

不稔（細胞）　胞子をつくらない（細胞）こと。237・238ページ参照。

フリンジ　内被膜の一部が傘の縁に垂下したもの。58・59ページ参照。

分岐　ヒダの形。21ページ参照。

分生子　無性的につくられる胞子。238・251ページ参照。

平滑　傘や柄の表面に凹凸や鱗片がなく滑らかな状態。166ページ参照。

平坦　子実層托の形。166ページ参照。

ベニタケ型　ハラタケ類のきのこの型。19・20ページ参照。

ヘラタケ型　チャワンタケ類のきのこの型。237・238ページ参照。

変種　分類群の階級で、種（または亜種）の下の二次的階級。18ページ参照。

偏心生　柄が傘の中心から外れてつくこと。

ホウキタケ型　ヒダナシタケ類のきのこの型。165・166ページ参照。

胞子　キノコを繁殖させる生殖細胞。11・12・20・238ページ参照。

胞子のう　子のうのこと。12・238ページ参照。

胞子紋　堆積した胞子の色。12ページ参照。

ホコリタケ型　腹菌類のきのこの型。211・212ページ参照。

膜状のイボ　傘に残った外被膜の形状。58・59ページ参照。

マメザヤタケ型　ハラタケ類の傘の形。237・238ページ参照。

丸山形　ハラタケ類の傘の形。21ページ参照。

溝線　傘の周辺にある放射状の溝。

密　ヒダや孔口の間隔がせまいこと。

無性基部　腹菌類のきのこの不稔の基部。212ページ参照。

モリノカレバタケ型　ヒダナシタケ類のきのこの型（その型）。165・166ページ参照。

迷路状　ヒダナシタケ類のきのこの型。19・20ページ参照。

有柄（型）　子実層托が柄につく形。21ページ参照。

離生　子実層托が柄につく形。21ページ参照。

漏斗型　ハラタケ類の傘の形。21ページ参照。

粒状線　溝線間の畝に粒状突起が並びだもの。

鱗片　傘や柄の一部または全面をおおう粉状、毛状、鱗状などの組織。

連絡　ヒダの形。21ページ参照。

蝋状光沢　きのこの蝋細工のような光沢。22・28ページ参照。

湾生　子実層托が柄につく形。21ページ参照。

和名　キノコの日本語名で、命名規約はない。本書ではカタカナおよび漢字で表記する。18ページ参照。

凡例

● 種名は和名（カタカナと漢字）と学名で示し、科と属は和名で示す。種の学名の subsp. (subspecies) は亜種を、var. (varietas) は変種を、f. (forma) は品種を表す。

● キノコの学名については、巻末に示した参考図書や Index Fungorum のサイトを参照した。

● キノコの配列は分類群ごととする。

● きのこ（子実体）全体の形状は、各分類群で定めるきのこの型で示す。

● きのこ（子実体）の大きさは大型（傘の径15cm前後）、中型（8cm前後）、小型（4cm前後）で示す。

● 胞子の大きさは大型（胞子の長径15μm前後）、中型（10μm前後）、小型（5μm前後）で示す。

● キノコの特徴、発生時期、発生場所などについては、実際に観察したデータをもとに、巻末の「参考図書」に示す図鑑類、解説書などを参考にした。

● 解説文中のキノコに関する用語については用語解説（14〜17ページ）を参照。

● 「食毒等」はハラタケ類のすべての種で解説したが、ほかの分類群では、食用になる種または食毒に関心を持たれるであろう種についてのみ解説した。また「食用」としたものは、文献などで広く食用とされているか、本図鑑の著者自身が食用にした経験があるもので、あくまでも、絶対に安全ということではない。（コラムの「きのこを食べる楽しみとそのリスク」を参照）。

● 収録種は、本図鑑が観察対象とするフィールド（一都三県の平地）で出会う機会が比較的多いものを中心とし、一部稀なものも含めた。

● 種の同定については、巻末の参考図書に示した各種図鑑などを参考にするとともに、一部専門家のご協力も得た。

● 掲載したきのこの写真に添えられる地名は撮影地を、月数は撮影月を、「径」のついたスケールは写真中最大のきのこの径を、それ以外は具体的に示す部位の大きさを表す。

● 顕微鏡写真の掲載は、胞子とシスチジアを中心に分類群の特徴を表すもの、特異なものなどにとどめた。（コラム「顕微鏡で見るキノコの世界」を参照）。

● 顕微鏡写真の染色の有無は、「染色」「無染色」で示し、スケールは、写真中にある目盛の最小目盛の長さを示す。

モリノカレバタケ型	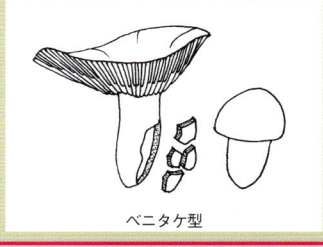 ベニタケ型	 イグチ型

ウラベニガサ型	ハラタケ類

キシメジ型	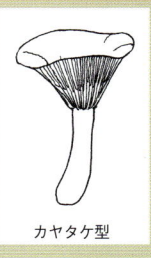 カヤタケ型	ヒラタケ型	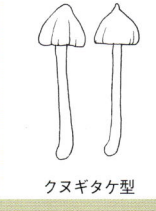 クヌギタケ型

ハラタケ類のきのこ（子実体）の型

イグチ型 子実層托が管孔（イグチ型以外はヒダ）。

ベニタケ型 柄が縦に裂けない（ベニタケ型以外は縦に裂ける）。

ヒラタケ型 柄が偏心生、側生、または欠く（ヒラタケ型以外は中心生）。

ウラベニガサ型 傘と柄が分離しやすい（ウラベニガサ型以外は分離しにくい）。ヒダが垂生しない。

カヤタケ型 傘が成熟時に漏斗形となる。ヒダが垂生する。

キシメジ型 傘が成熟時に丸山形または平らとなり、肉は厚い。柄は太い。ヒダが垂生しない。

モリノカレバタケ型 傘が成熟時に平らとなり、肉は薄い。柄は細長い。ヒダが垂生しない。

クヌギタケ型 傘が成熟時に低い円錐形または中高平らとなり、肉は薄い。柄は細長い。ヒダが垂生しない。

子実層托と担子器

担子菌類の子実層は、きのこの内部（おもに腹菌類）、表面（おもにキクラゲ類やヒダナシタケ類）、傘の裏（おもにヒダナシタケ類とハラタケ類）などにあり、子実層中の担子器上に通常4個の担子胞子ができる（ここに示す担子器はハラタケ類、ヒダナシタケ類、腹菌類のもので、キクラゲ類の担子器は230ページに示す）。

子実層托には、ハラタケ類ではヒダ、管孔に加えハリ（針）やイボ（疣）など、さらに多様な形がある。ヒダの表面や管孔の内面が子実層で、子実層托の多様な形は、いずれも子実層の面積を大きくして、多数の胞子をつくるためのものである。

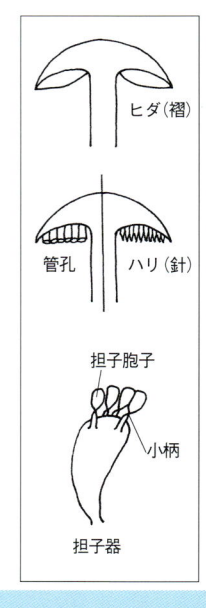

ハラタケ類のきのこのつくり

ハラタケ類の多くのきのこ（子実体）は、傘・子実層托・柄の三つの部分により成り立つ（15ページ参照）が、ヒラタケ型のきのこには柄がきわめて短いもの、柄を欠くものもある。

傘の形 傘の形は成長過程で変化する。また、ここに示した以外にも、幼時の形に「球形」や「卵形」、成時の形には「平ら」や中央のみが突出する「中高平ら」などがある。

柄の形 球根状、根状など、基部の特徴に注意して観察するこ

とが必要。図中の「下方に太まる（下方に細まる）」は、下方にいくにしたがいしだいに太くなる（細くなる）ことを意味する。

子実層托の形

傘の形

- 半球形
- 丸山形
- 円錐形
- 釣鐘形
- 円筒形
- 漏斗形
- 団扇形

柄の形

- 下方に太まる
- 棍棒状
- 球根状
- 下方に細まる
- 根状

子実層托（ヒダ）の柄へのつきかた

- 隔生　基部が柄からかなり離れてつく。
- 湾生　基部が湾入して柄につく。
- 離生　基部が柄から離れてつく。
- 直生　基部が柄にまっすぐつく。
- 上生　基部が柄の上部につく。
- 垂生　基部が柄に垂下してつく。

子実層托の形

- 分岐
- 小ヒダ
- 管孔
- 連絡

ヒダの間隔は縁へいくほど大きくなり、「小ヒダ」、「分岐」などはその空間を埋めるためのものである。また、ヒダの柄へのつきかたは、種や属の同定のさいに重要な判断基準となる。

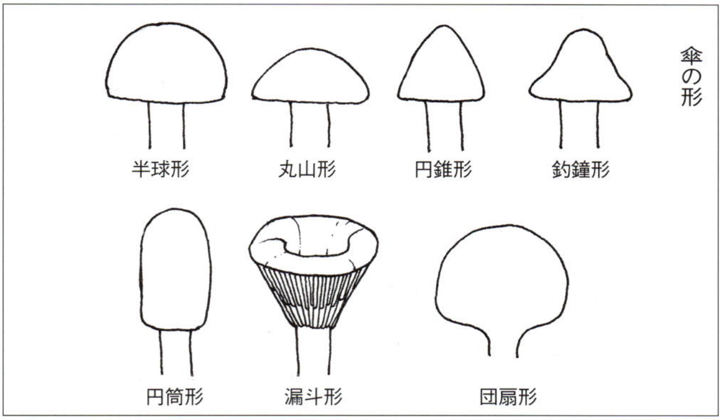

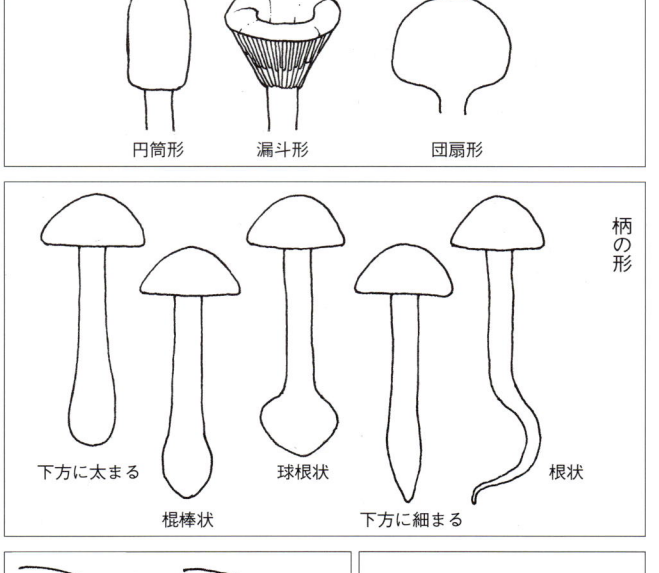

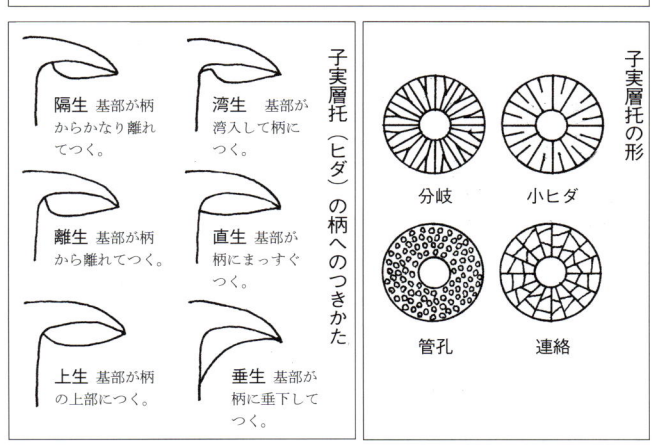

白色～クリーム色	ピンク色～肌色	褐色	紫褐色～黒色
キシメジ科		イグチ科 オニイグチ科	
ベニタケ科 （チチタケ属）			
ベニタケ科 （ベニタケ属）			
		ヒダハタケ科	
ヒラタケ科 キシメジ科		チャヒラタケ科	
ヌメリガサ科			
キシメジ科 （キツネタケ属）			
テングタケ科 （テングタケ属）			
テングタケ科 （テングタケ属）	ウラベニガサ科 （フクロタケ属）		
ハラタケ科			ハラタケ科
テングタケ科 （ヌメリカラカサタケ属）	ウラベニガサ科 （ウラベニガサ属）		
キシメジ科（カヤタケ属・ ヒダサカズキタケ属）		イグチ科 （キヒダタケ属）	オウギタケ科
		フウセンタケ科 （フウセンタケ属）	
キシメジ科 （クヌギタケ属）	イッポンシメジ科	オキナタケ科 フウセンタケ科	ヒトヨタケ科
キシメジ科	イッポンシメジ科	オキナタケ科 モエギタケ科 （スギタケ亜科） フウセンタケ科	モエギタケ科 （モエギタケ亜科）

淡 ← 胞子紋の色 → 濃

ハラタケ類（目）の科（一部亜科、属）の検索

ハラタケ類
- イグチ型（子実層托が管孔）・地上生 ―――――
- ベニタケ型（柄が縦に裂けない）・地上生
  - 乳液が出る ―――――
  - 乳液が出ない ―――――
- 子実層托がヒダ・柄が縦に裂ける。
  - ヒダに連絡脈または分岐・ヒダが離れやすい・肉が革質 ―――――
  - ヒラタケ型（柄が側生または偏心生か無柄・材上生) ―――――
  - 柄が中心生・ヒダに連絡脈や分岐がなく離れにくい・肉が軟質
    - ヒダが厚く蝋状光沢・地上生
      - ヒダが白または黄色か赤色 ―――――
      - ヒダが肌色または紫色 ―――――
    - ウラベニガサ型（傘と柄が離れやすい)
      - 外被膜（ツボ）あり・地上生
        - 内被膜（ツバ）あり ―――――
        - 内被膜（ツバ）なし ―――――
      - 外被膜（ツボ）なし
        - 内被膜（ツバ）あり ―――――
        - 内被膜（ツバ）なし ―――――
    - カヤタケ型（漏斗形・ヒダが垂生) ―――――
    - クモの巣状の内被膜（ツバ）あり・地上生 ―――――
    - クヌギタケ型 ―――――
    - モリノカレバタケ型 ―――――
      キシメジ型
      その他の型

判断基準 (criterion)	きのこの型（縦軸）
	胞子紋（横軸）

トキイロヒラタケ　左下＝東京都新宿区、6月、径8cm。

ヒラタケ　左上・右＝いずれも東京都中央区。左上は11月、径10cm。右は10月、径5cm。

ヒラタケ（平茸）

ヒラタケ科ヒラタケ属
Pleurotus ostreatus (Jacq.: Fr.) Kummer

🔷 子実体‥ヒラタケ型で、中型から大型。🔷 傘‥幼時丸山形から開いて団扇形となるが、縁は永く内巻き。色は灰褐色または黄褐色で、表面は平滑。肉は白く、柔軟な革質。🔷 子実層托‥ヒダは幅広く密で、柄に長く垂生する。色は白または灰白色。🔷 柄‥偏心生で短く、中実。基部は白い軟毛で密におおわれる。🔷 味・におい‥無味。無臭。🔷 胞子‥円柱形、中型で、表面は平滑。胞子紋は淡ピンク色。🔷 発生‥秋から冬に、タブ、ヤナギなど、樹勢の衰えた木の幹や、倒木などに発生する。腐生菌。🔷 食毒等‥優れた食菌で、栽培品がいろいろな商品名で市販されている。

トキイロヒラタケ（鴇色平茸）

ヒラタケ科ヒラタケ属
P. djamor (Fr.) Boedijn var. *roseus* Corner

前種ヒラタケに似るが、本種は全体が鴇色。食

アラゲカワキタケ　上＝東京都中央区、6月、径5㎝。左下・右下＝いずれも東京都八王子市、6月、径5㎝。

アラゲカワキタケ（粗毛乾茸）

ヒラタケ科カワキタケ属
Panus rudis Fr.

用になるが、前種より肉質がやや硬い。

🔶 **子実体**：カヤタケ型またはヒラタケ型で、小型から中型。

🔶 **傘**：幼時丸山形から開いて漏斗形になるが、縁は永く内巻き。色は帯紫褐色で、表面は白い粗毛でおおわれ、乾燥すると同心円状の皺ができる。肉は白く、強靭な革質。

🔶 **子実層托**：ヒダは幅せまく密で、柄に垂生する。色は白から帯紫淡褐色となる。

🔶 **柄**：中心生または偏心生で、短く、中実。色は傘より淡色で、表面は白い粗毛でおおわれる。肉は傘と同様。

🔶 **胞子**：長楕円形、小型で、表面は平滑。胞子紋は白。

🔶 **味・におい**：無味。無臭。

🔶 **発生**：初夏から秋に、タブ、コナラなど、広葉樹の倒木や切り株に発生する。腐生菌。

🔶 **食毒等**：食毒不明だが、肉が硬く食不適。

スエヒロタケ　上＝東京都八王子市、5月、径2.5cm。左下・右下＝いずれも東京都調布市、11月、径2cm。

スエヒロタケ（末広茸）

ヒラタケ科スエヒロタケ属
Schizophyllum commune Fr.: Fr.

◆**子実体**：ヒラタケ型で小型。無柄。◆**傘**：扇形。縁は内巻きで切れこみがある。表面は白または帯紫淡褐色の粗毛でおおわれる。肉は白または淡褐色で、強靭な革質。◆**子実層托**：ヒダは幅せまく疎。ヒダの縁が縦に裂開し、子実層は裂開した2片の外側のみにあり、2片は乾いているとき外側に開き、湿っているときは閉じる。色は白から帯紫褐色となる。◆**胞子**：円柱形、小型で、表面は平滑。胞子紋は白。

◆**発生**：通年で、樹種によらず枯れ木や倒木、切り株などに発生する。腐生菌。

◆**食毒等**：食毒不明だが、肉が硬く食不適。

☆呼吸器中で菌糸が繁殖し、真菌症の原因となることがある。

マツオウジ　左上・左下＝いずれも埼玉県東松山市、6月、径12cm。右上＝傘の表面。東京都新宿区、6月、径10cm。右下＝幼菌。東京都調布市、6月、径4cm。

マツオウジ（松叔父）

ヒラタケ科マツオウジ属
Lentinus lepideus (Fr.: Fr.) Redhead & Ginns

◆子実体‥ヒラタケ型で、中型から大型。

◆傘‥幼時丸山形から開いて漏斗形になる。色は幼時赤褐色から淡黄色になり、表面は褐色のささくれ状鱗片でおおわれる。肉は白く、柔軟な革質。

◆子実層托‥ヒダは幅広く密で、柄に長く垂生し、畝状の隆起となって柄に続く。色は白いが、しだいに褐色を帯び、縁は鋸歯状。

◆柄‥中心生または偏心生で太く、中実。色は傘と同様で、表面はささくれ状の鱗片で段状におおわれる。肉は白く傘より強靭。

◆味・におい‥無味または苦みがある。強い松脂臭がある。

◆胞子‥紡錘形、中型で、表面は平滑。胞子紋は白。

◆発生‥初夏から秋に、マツの倒木や切り株に発生する。腐生菌。

◆食毒等‥ときに、消化器系の中毒を起こす。

アカヤマタケ　左上＝埼玉県東松山市、9月、径2.5cm。左下＝黒く変色した採集品。東京都葛飾区、6月、径2.5cm。右＝東京都八王子市、10月、径2.5cm。

アカヤマタケ（赤山茸）

ヌメリガサ科アカヤマタケ属
Hygrocybe conica (Scop.: Fr.) Kummer

◆子実体‥クヌギタケ型で小型。 ◆傘‥幼時円錐形から開いても低い円錐形で、条線がある。色は赤黄色または橙黄色で、蠟状光沢（蠟細工のような光沢）があり、しだいに黒ずむ。肉は黄色だが傷つくと黒変し、脆い。 ◆子実層托‥ヒダは幅広く、厚みがあり、やや疎で、柄に離生する。色は淡黄色で、蠟状光沢があり、しだいに黒ずむ。 ◆柄‥中心生で細長く、下方にやや太まり、色は傘より淡色で、しだいに黒ずみ、表面には縦の条線がある。肉は色、変色とも傘と同様。 ◆味・におい‥無味、無臭。 ◆胞子‥楕円形、大型で、表面は平滑。胞子紋は白。 ◆発生‥夏から秋に、草地、マツの樹下、雑木林内の地上に発生する。腐生菌。 ◆食毒等‥消化器系、神経系の中毒を起こす。

オオヒメノカサ　左＝神奈川県相模原市、10月、径2.5cm。右上＝幼菌。千葉県風土記の丘、6月、径3cm。右下＝神奈川県相模原市、10月、径3cm。

オオヒメノカサ（大姫傘）

ヌメリガサ科アカヤマタケ属
H. ovina (Bull.: Fr.) Kühner

◆ 子実体：キシメジ型で小型。

◆ 傘：幼時中央がくぼむ丸山形から、開いて平らとなり、長い条線がある。色は黒褐色で、表面は繊維状。肉は白で薄く、傷つくと赤変し、さらに黒変する。

◆ 子実層托：ヒダは幅広く、厚みがあり、疎で、柄に直生後湾生する。色は傘と同様または淡色で、変色は傘と同様。

◆ 柄：中心生で細長く、上下同径で、中空。色は傘と同様または淡色で、表面には凸凹がある。肉は色、変色とも傘と同様。

◆ 味・におい：無味。やや青臭し。

◆ 胞子：楕円形、中型で、表面は平滑。胞子紋は白。

◆ 発生：夏から秋に、芝生や草地に発生する。腐生菌。

◆ 食毒等：食毒不明。

きのこを食べる楽しみとそのリスク

大舘 一夫

毒キノコに変身したスギヒラタケ

タバコを吸えば肺癌の、酒を飲めば肝硬変の、競馬やパチンコに凝れば自己破産の、とかく楽しみにはリスクがつきものだ。きのこを食べる楽しみとてその例外ではなく、中毒というリスクがつきまとう。何とか、中毒という心配なしに、野生のきのこを味わう道はないものだろうか。

「縦に裂けるきのこは食べられる」、「茄子といっしょに煮れば中毒しない」などに代表される言い伝えは数多くあるが、これらのほとんどがあてにならない。というより、むしろ危険ですらある。

きのこを安全に食べる唯一の道。それは食べられるきのこを一種ずつ覚えていくことだ。ところが、先ごろ日本にかぎらず世界中で安全な食用キノコとされてきたスギヒラタケが、命まで奪う毒キノコに突如変身した。少し古い図鑑などで食用となっていたキノコが現在有毒になっている例はいくらもある。せっかく覚えた食用キノコのなかにも、いつか毒キノコに変身するものがあるかもしれないのだ。きのこを食べることを放棄しないかぎり、完全に中毒から逃れることはできないようだ。毒キノコもキノコのスリリングな魅力と開き直る御仁もいるが、なにせ命にかかわるリスクである。常に情報に耳を傾け、中毒を避ける努力を忘れずに楽しんでいただきたい。

毒キノコを覚えるというのはどうか。毒キノコが見分けられれば、あとはどんなきのこでも食べられるというわけだが……。研究が進み、最近では日本にいる名前のついたキノコがだいぶ増えてきた。それでも日本にいるキノコの半分以上は未だ名無しで、そのなかにも毒キノコはあるだろうし、名前がついているキノコとて、そのすべての食毒がわかっているわけではない。毒キノコを覚えても安全ということにはならない。

ハタケシメジ　東京都杉並区、9月、径6cm。

ハタケシメジ（畑占地）

キシメジ科シメジ属
Lyophyllum decastes (Fr.: Fr.) Sing.

◆**子実体**‥キシメジ型で、小型から中型。

◆**傘**‥幼時丸山形から開いて平らとなり、さらに中央がややくぼむ。縁に条線状の皺（しわ）がある。色は灰褐色または黄褐色。表面は繊維状で、ときに綿毛状の絣（かすり）模様がある。肉は白く、緻密（ちみつ）で厚い。

◆**子実層托**‥ヒダは密で、柄に直生する。色は白い。

柄‥中心生で、下方にやや太まり、中実。色は傘と同様または淡色で、表面は上部が粉状、下方は平滑。肉は傘と同様。

◆**味・におい**‥無味。無臭。

◆**胞子**‥球形、やや小型で、表面は平滑。胞子紋は白。

◆**発生**‥梅雨時と秋に、地下に材が埋もれた草地、畑地などに発生する。腐生菌。

◆**食毒等**‥美味で、食感はホンシメジ以上といわれ、汁物、煮物、炒め物など、どのような料理にもあう。最近栽培品が市販されている。

ヤグラタケ 上＝傘にある黄褐色の円形部分が厚壁胞子。埼玉県東松山市、7月、径2cm。右下＝東京都八王子市、9月、径0.8cm。

ヤグラタケ（櫓茸）

キシメジ科ヤグラタケ属
Asterophora lycoperdoides (Bull.) Ditm.: Fr.

◆子実体：キシメジ型で、きわめて小型。 ◆傘：幼時丸山形から開いて平らとなる。表面は幼時白く平滑だが、しだいに黄褐色の粉状に変わる。これは厚壁胞子（菌糸が分裂して無性的につくられる細胞壁の厚い胞子）の塊。肉は淡褐色で厚い。 ◆子実層托：ヒダは疎で、柄に上生し、ここでは担子胞子をつくる。色は白い。 ◆柄：中心生で、下方にやや太まり、中空。色は白く、表面は繊維状。肉は傘と同様。 ◆味・におい：無味。無臭。 ◆胞子：担子胞子は楕円形、小型で、表面は平滑。厚壁胞子は星形、きわめて大型で、胞子紋は黄褐色。 ◆発生：夏から秋に、多くはクロハツのきのこ上に発生する。菌生菌。 ◆食毒等：食毒不明。
☆キノコに寄生するキノコを菌生菌といい、寄生菌の一種で、ほかにもタマノリイグチなどがある。

ウラムラサキ　左下・右下＝いずれも東京都八王子市、9月。左下は径4cm。右下は径3.5cm。

キツネタケ　上＝東京都多摩市、7月、径2cm。

キツネタケ（狐茸）

キシメジ科キツネタケ属
Laccaria laccata (Scop.: Fr.) Berk. & Br.

◆子実体‥キシメジ型で小型。◆傘‥幼時半球形から開いて平らとなり、条線がある。色は淡橙褐色で、表面には細かい鱗片がある。肉は淡色で脆い。◆子実層托‥ヒダは厚く疎で、柄に直生する。色は傘より淡色で、蠟状光沢がある。◆柄‥中心生、上下同径で、中実。色、表面とも傘と同様で、基部に白毛が密生する。肉も傘と同様。◆味・におい‥無味、無臭。◆胞子‥広楕円形、中型で、表面は刺でおおわれる。胞子紋は白。◆発生‥夏から秋に、マツやシラカシ、コナラなどの樹下に発生する。外生菌根菌。

ウラムラサキ（裏紫）

キシメジ科キツネタケ属
L. amethystea (Bull.) Murrill

前種キツネタケに似るが、本種はきのこ全体が紫色。両種とも食用にされる。

カレバキツネタケ　下＝横浜市中区、7月、径4.5cm。左上＝東京都八王子市、6月、径4cm。

カレバキツネタケ（枯葉狐茸）

キシメジ科キツネタケ属
Laccaria vinaceoavellanea Hongo

◆**子実体**：キシメジ型またはカヤタケ型で、小型。

◆**傘**：幼時丸山形から、開いて中央がくぼむ平らとなり、長い溝線がある。色は淡褐色だが、乾燥すると退色して白くなる。表面には凸凹がある。肉は傘より淡色で、脆く薄い。

◆**子実層托**：ヒダは厚く疎で、柄に直生または垂生する。色は帯紫褐色で、蠟状光沢がある。

◆**柄**：中心生、上下同径または下方に太まり、中実。色は傘と同様で、表面には凸凹と縦の条線がある。肉は強靭。表面は刺でおおわれる。

◆**胞子**：球形、中型で、表面は刺でおおわれる。胞子紋は白。

◆**味・におい**：無味。無臭。

◆**発生**：夏から秋に、マツの樹下や、シイ、カシ林の地上に発生する。

◆**食毒等**：色や姿がよくないので、あまり食用にされないが、味はよい。

34

ハイイロシメジ　いずれも東京都八王子市、11月。上＝径6cm。左下・右下＝どちらも径8cm。

ハイイロシメジ（灰色占地）

キシメジ科カヤタケ属
Clitocybe nebularis (Batsch: Fr.) Kummer

◆**子実体**：カヤタケ型で、中型から大型。 ◆**傘**：幼時丸山形から開いて漏斗形になるが、縁は永く内巻き。色は淡灰黄色または淡灰色で、表面は灰褐色の細かい鱗片でおおわれ、粉状。肉は白く緻密。 ◆**子実層托**：ヒダは幅せまく、きわめて密で、柄に垂生する。色は類白色。 ◆**柄**：中心生で、基部が球根状に膨らみ、中実。色は白く、表面に縦の条線がある。肉は傘と同様。 ◆**味・におい**：無味。アニス臭がある。 ◆**胞子**：楕円形、やや小型で、表面は平滑。胞子紋は白。 ◆**発生**：秋、特に晩秋に、イチョウの樹下や竹林など、落ち葉が厚く積もった地に発生する。腐生菌。 ◆**食毒等**：食用にされるが、ときに、消化器系の中毒を起こすので注意を要す。

コムラサキシメジ　左下＝東京都渋谷区、9月、径4.5cm。

ムラサキシメジ　上・右下＝いずれも東京都多摩市。上は11月、径10cm。右下は10月、径10cm。

ムラサキシメジ（紫占地）

キシメジ科ムラサキシメジ属
Lepista nuda (Bull.: Fr.) Cooke

- 子実体：キシメジ型で中型。
- 傘：幼時丸山形から開いて平らとなるが、縁は永く内巻き。色は紫色で、後に褐色を帯び、表面は平滑。肉も紫色で厚い。
- 子実層托：ヒダは幅せまく密で、柄に直生する。色は永く紫色を保つ。
- 柄：中心生で、基部が球根状に膨らみ、中実。色は淡紫色で、表面は繊維状。肉は傘と同様。
- 味・におい：無味。やや埃臭がある。
- 胞子：楕円形、小型で、表面は細かい疣でおおわれる。胞子紋は淡褐色。
- 発生：晩秋に、各種林内の落ち葉が厚く積もった地に発生する。腐生菌。
- 食毒等：埃臭いので、湯がいてから調理する。

コムラサキシメジ（小紫占地）

キシメジ科ムラサキシメジ属
L. sordida (Schum.: Fr.) Sing.

前種ムラサキシメジより小型で、ヒダが疎。食用にされ、味は前種にまさる。

サマツモドキ　左＝東京都八王子市、9月、径5cm。右上＝埼玉県東松山市、9月、径8cm。右下＝幼菌。埼玉県川越市、10月、径3cm。

サマツモドキ（早松擬）

キシメジ科サマツモドキ属
Tricholomopsis rutilans (Schaeff.: Fr.) Sing.

◆ **子実体**：キシメジ型で中型。

◆ **傘**：幼時丸山形から、開いてやや中高の平らとなる。表面は、黄色の地を赤褐色の微細な鱗片がおおう。肉は淡黄色で、やや革質。

◆ **子実層托**：ヒダは幅せまく、きわめて密で、柄に直生する。色は鮮やかな黄色。

◆ **柄**：中心生で、下方に太まり、基部は棍棒状で、中実。色は上方が傘と同様で、下方は淡黄色。表面は傘と同様。肉も傘と同様。

◆ **味・におい**：無味。無臭。

◆ **胞子**：楕円形、やや小型で、表面は平滑。胞子紋は白。

◆ **発生**：夏から秋に、マツなどの針葉樹の枯れ木や切り株に発生する。腐生菌。

◆ **食毒等**：消化器系の中毒を起こす。

ウラムラサキシメジ 下＝菌輪を描いて発生する。東京都世田谷区、10月、径8cm。右上＝傷つけると褐変する。東京都目黒区、7月、径6cm。

ウラムラサキシメジ（裏紫占地）

キシメジ科ウラムラサキシメジ属
Tricholosporum porphyrophyllum (Imai) Guzmán

◆子実体：キシメジ型で中型。

◆傘：幼時丸山形から、開いてやや中高の平らとなる。色は帯紫褐色から黄褐色または明褐色になり、表面は湿っているとき粘性がある。肉は淡黄色で緻密。

◆子実層托：ヒダは幅せまく、きわめて密で、柄に上生する。色は紫色で、傷つくと褐変する。

◆柄：中心生で、下方に太まり、中実。色は傘より淡色で、表面は傘と同様。肉も傘と同様。無臭。苦みがある。表面は平滑。胞子紋は白。

◆胞子：十字形、やや小型で、味・におい：苦みがある。

◆発生：夏から秋に、シラカシ、スダジイなどの樹下に、菌輪をつくって群生することが多い。

◆食毒等：食毒不明だが、いやな苦みがあるので食不適。

ハマシメジ　いずれも横浜市金沢区、11月。上＝径4.5cm。左下＝幼菌。径3cm。右下＝クモの巣状の内被膜。

ハマシメジ（浜占地）

キシメジ科キシメジ属
Tricholoma myomyces (Pers.:Fr.) J.E. Lange

◆**子実体**：キシメジ型またはクヌギタケ型で、小型。

◆**傘**：幼時円錐形から、開いて中高の平らとなる。色は黒褐色または灰褐色で、表面は同色の微毛でおおわれる。肉は灰白色で脆い。

◆**子実層托**：ヒダは幅広く、やや疎で、柄に湾生する。色は灰白色。

◆**柄**：中心生で、上下同径または下方に細まり、中実または中空。まれに白いクモの巣状の内被膜がつく。色は灰白色で、表面は平滑。肉は傘と同様。

◆**味・におい**：無味または苦みがある。無臭。

◆**胞子**：楕円形、中型で、表面は平滑。胞子紋は白。

◆**発生**：晩秋から冬に、マツの樹下、特に海岸のクロマツ林に群生するが、平地のアカマツ樹下にも発生する。外生菌根菌。

◆**食毒等**：加熱すると肉質がしっかりして、歯ざわりがよく、特に和風の煮物で旨みが生きる。

シロシメジ　いずれも東京都多摩市、11月。上＝径6cm。左下＝柄の長いものもある。右下＝幼菌。菌輪をつくって発生する。径4cm。

シロシメジ（白占地）

キシメジ科キシメジ属
Tricholoma japonicum Kawamura

◆子実体：キシメジ型で中型。◆傘：幼時半球形から開いて丸山形、さらに平らとなるが、縁は永く内巻き。色は白いが中央付近が赤褐色を帯びる。表面は湿っているときやや粘性がある。肉は白で、硬くしまる。◆子実層托：ヒダは幅せまく、きわめて密で、柄に湾生する。色は白く、褐色のしみが現れる。◆柄：中心生で太短く、下方に太まり、中実。色は白から淡褐色となり、表面は平滑。肉は傘と同様。◆味・におい：やや苦みがある。無臭。◆胞子：楕円形、小型で、表面は平滑。胞子紋は白。

◆発生：晩秋に、マツやシラカシの樹下に、菌輪をつくって発生する。外生菌根菌。

◆食毒等：つけ焼きや酢の物などで苦みを味わうほか、煮物にしてもよい。

キヒダマツシメジ　左下＝東京都多摩市、10月、径5cm。

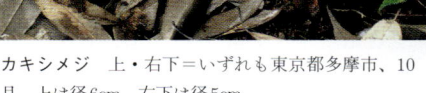

カキシメジ　上・右下＝いずれも東京都多摩市、10月。上は径6cm。右下は径5cm。

カキシメジ（柿占地）

キシメジ科キシメジ属
T. ustale (Fr.: Fr.) Kummer

◆子実体：キシメジ型で中型。
◆傘：幼時半球形から開いて平らとなるが、縁は永く内巻き。色は赤褐色で、表面は繊維状、湿っているときかなり粘性がある。肉は白く軟質。
◆子実層托：ヒダは密で、柄に湾生する。色は白く、褐色のしみが現れる。
◆柄：中心生、上下同径で、中空。色は傘より淡色で、表面は傘と同様。肉も傘と同様。
◆胞子：楕円形、小型で、表面は平滑。胞子紋は白。
◆味・におい：無味、無臭。
◆発生：シラカシ、コナラなど、広葉樹の樹下に発生する。外生菌根菌。
◆食毒等：消化器系の中毒を起こす。

キヒダマツシメジ（黄褶松占地）

キシメジ科キシメジ属
T. fulvum (DC.: Fr.) Sacc.

前種カキシメジに似るが、本種はヒダが黄色。食用になる。

ナラタケ　下＝東京都多摩市、10月。径5cm。左上＝幼菌。東京都調布市、11月、径1.5cm。

ナラタケ（楢茸）

キシメジ科ナラタケ属
Armillaria mellea (Vahl.: Fr.) Kummer subsp. *nipponica* Cha & Igarashi

◆子実体：キシメジ型で小型。

◆傘：幼時丸山形から開いて平らとなり、短く細い条線が成熟時に現れる。色は淡黄褐色で、中央付近を黒褐色粉状の鱗片がおおう。

◆子実層托：ヒダはやや密で、柄に直生する。色は淡黄色で、褐色のしみが現れる。膜状永続性のツバがある。色は上方淡褐色で下方濃褐色。

◆柄：中心生、上下同径で、中実。

◆胞子：広楕円形、やや大型で、表面は平滑。胞子紋は白。

◆味・におい：やや渋みがある。無臭。

◆発生：初夏と晩秋に、シラカシ、コナラなど、広葉樹の生木や枯れ木に発生する。腐生菌または寄生菌。

ワタゲナラタケ（綿毛楢茸）

別名　ヤワナラタケ（柔楢茸）
キシメジ科ナラタケ属
A. gallica Marxmüller & Romagnesi

前種ナラタケに似るが、本種は傘の条線が細か

ナラタケモドキ　左上＝東京都中央区、7月、径3.5cm。左下＝東京都文京区、8月、径3cm。

ワタゲナラタケ　右上＝埼玉県小川町、7月、径6cm。右下＝東京都八王子市、10月、径5cm。

ナラタケモドキ（楢茸擬）

キシメジ科ナラタケ属
A. tabescens (Scop.) Sing.

◆子実体‥カヤタケ型で小型。◆傘‥幼時丸山形から開いて平らとなり、さらに中央がくぼみ、条線は長い繊維紋状。色は黄褐色、中央付近を濃褐色の細かい鱗片がおおう。肉は淡褐色で脆い。子実層托‥ヒダはやや疎で、柄に垂生する。色は淡褐色で、褐色のしみが現れる。◆柄‥中心生、上下同径で、中実。ツバはない。色は上方淡褐色で下方濃褐色。肉は硬い繊維質。無味。無臭。◆胞子‥広楕円形、やや小型で、表面は平滑。胞子紋は白。◆発生‥夏から秋、特に夏に、サクラ、コナラなど、広葉樹の生木や枯れ木に束生する。◆食毒等‥食用になるが、過食すると消化器系の中毒を起こすことがある。

く、暗褐色綿毛状の鱗片が全面にあり、肉質は柔らかい。ツバは綿毛状で消失しやすい。両種とも汎世界的に食用にされている。

ハマのハマシメジ

根上 明士

ハマシメジ

横浜の湾岸地区に住んでいたところ、近くに人工の砂浜と松林が続く大きな公園ができ、四季を通じた散策スポットになった。春先には砂浜にワカメが根株ごと打ち寄せられ、水がぬるむとアマノリが流れてくる。アサリもおもしろいほど拾えた。雨の季節になるときのこを求めて奥の松林を散策する。アカハツを採取してオムレツにし、ササクレヒトヨタケはマリネにして楽しんだ。チチアワタケの味噌汁では中毒も経験した。

きのこの姿が消える晩秋になると自然と足が遠のくのだが、そんなある日、見慣れない灰褐色のきのこが群生しているのに出会った。あれこれ調べても名前がわからず悩んでいたとき、白土三平の『野外手帳』（小学館）で、図鑑にはない、海岸のすぐれた食菌として、このきのこを紹介しているのを知った。やがてこのきのこはハマシメジであると見当がついたので、菌友たちを招いて観察会を行い、その晩にさっそく試食してみた。ところが、苦みが強く、そのせいか旨みも感じられない。期待が大きかっただけに失望は大きく、その後転居したこともあり、しばらくはこのきのこに出会う機会がなかった。

それから10年後の昨年秋、同じ公園を訪ねたところ、かのハマシメジは健在で、さっそくその姿を観察、写真撮影した。持ち帰って青菜と煮物にして食べてみたところ、しっとりとしたおだやかな旨みがでているではないか。10年前のあの苦みはすっかり消えていた。うれしいことではあるが、苦みが消えた原因がわからない、こんどはそれが悩ましくなった。

そこでこの公園の誕生過程を調べたところ、埋め立て・砂浜造成には房総の山砂を使い、植栽のクロマツも横浜産でないことがわかった。さしずめ、よそ者の苦いハマシメジが10年かかってこの地になじみ、やっと「横浜」のハマシメジになったということか。（ハマシメジの詳細は39ページ参照）

オリーブサカズキタケ 下・右上＝いずれも東京都八王子市、6月、径2cm。

オリーブサカズキタケ（オリーブ盃茸）

キシメジ科ヒナノヒガサ属
Gerronema nemorale Har.Takahashi

◆子実体：カヤタケ型で、きわめて小型。 ◆傘：幼時中央のくぼむ丸山形から、開いて漏斗形になり、長い粒状線がある。色は淡灰黄色で、表面は繊維状。肉は淡黄色で、きわめて薄い。 ◆子実層托：ヒダは疎で、柄に長く垂生する。色は淡黄色。 ◆柄：中心生で細長く、上下同径で、中空。色は傘と同様。表面は平滑で、基部を白い菌糸がおおう。肉は傘と同様。 ◆味・におい：無味。無臭。 ◆胞子：紡錘形、やや小型で、表面は平滑。胞子紋は白。 ◆発生：初夏から秋に、各種林内の落ち枝上に並んで発生する。腐生菌。 ◆食毒等：食毒不明。
☆本種は、かつてヒダサカズキタケと混同されていた。ヒダサカズキタケは色が濃く、本種よりは大きい。

コザラミノシメジ　下＝東京都千代田区、6月、径4cm。左上＝東京都杉並区、5月、径4.5cm。

コザラミノシメジ（小粗実占地）

キシメジ科ザラミノシメジ属
Melanoleuca melaleuca (Pers.: Fr.) Murrill

◆子実体‥キシメジ型で、小型から中型。◆傘‥幼時丸山形から開いて中高平らとなるが、縁は永く内巻き。色は灰褐色または黄褐色で、表面は平滑。肉は白く軟質。◆子実層托‥ヒダは密で、柄に直生する。色は白い。◆柄‥中心生で、下方に太まり、中実。色は傘と同様で、表面には縦の条線があり、ねじれることがある。肉は繊維質で硬い。◆味・におい‥無味、無臭。◆胞子‥楕円形、やや小型で、表面は疣（いぼ）でおおわれる。胞子紋は白。

◆発生‥夏から秋に、公園にまかれたチップや草地、畑地など、腐植の多い地に発生する。腐生菌。

◆食毒等‥食用になるが、美味ではない。

☆本種はハタケシメジに似ていて判別しにくいが、味は大きく異なる。

エセオリミキ 下＝埼玉県東松山市、9月、径5cm。右上＝埼玉県川越市、6月、径4.5cm。

エセオリミキ（似非折幹）
キシメジ科モリノカレバタケ属
Collybia butyracea (Bull.: Fr.) Quél.

◆**子実体**：モリノカレバタケ型で小型。 ◆**傘**：幼時円錐形から開いて中高平らとなる。色は赤褐色または黄褐色だが、乾くと退色し、表面は平滑で、湿っているとき油状光沢がある。

◆**子実層托**：ヒダは密で、下方に太まり、中空。色は白い。 柄に離生する。色は傘より淡色で、表面は繊維状。肉は硬い革質。

◆**柄**：中心生で、下方に太まり、中空。色は傘より淡色で、表面は繊維状。肉は硬い革質。

◆**胞子**：紡錘形、やや小型で、表面は平滑。胞子紋は白。

◆**発生**：夏から秋に、各種林内の、厚く積もった落葉から発生する。腐生菌。

◆**食毒等**：食用になるが、柄は硬いので傘を利用する。

☆**折幹**（おりみき）は、柄がポキリと折れるナラタケの異名。和名のエセオリミキは、似非（えせ）のナラタケという意である。

アマタケ　左下＝横浜市金沢区、10月、径5cm。

モリノカレバタケ　上＝埼玉県川越市、7月、径3cm。右下＝東京都多摩市、10月、径2.5cm。

モリノカレバタケ（森枯葉茸）

キシメジ科モリノカレバタケ属
Collybia dryophila (Bull.: Fr.) Kummer

🌸 **子実体**：モリノカレバタケ型で小型。🌸 **傘**：幼時丸山形から開いて平らとなる。色は赤褐色または黄褐色で、表面は平滑。肉はきわめて薄い。🌸 **子実層托**：ヒダは幅せまく、きわめて密で、柄に離生する。色は白または淡褐色。🌸 **柄**：中心生で細長く、中空。色は傘と同様。表面は平滑で、基部に白い菌糸を生じる。肉は革質。🌸 **味・におい**：無味。無臭。🌸 **胞子**：紡錘形、やや小型で、表面は平滑。胞子紋は白。🌸 **発生**：夏から秋に、各種林内の、厚く積もった落葉から発生する。腐生菌。

アマタケ（亜麻茸）

キシメジ科モリノカレバタケ属
C. confluens (Pers.: Fr.) Kummer

前種モリノカレバタケに似るが、本種の傘には皺（しわ）があり、柄の表面に白い微毛が密生する。両種とも食用になる。

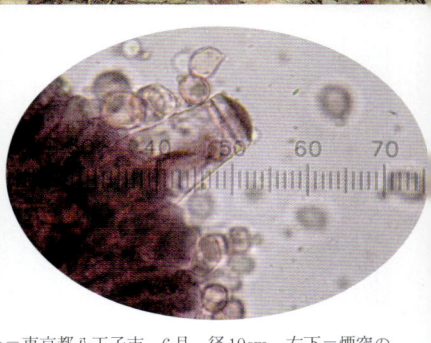

ツエタケ　左＝埼玉県東松山市、7月、径8cm。右上＝東京都八王子市、6月、径10cm。右下＝煙突のようなシスチジアと胞子。染色、最小目盛2.5μm。

ツエタケ（杖茸）
キシメジ科ツエタケ属
Oudemansiella radicata (Relhan: Fr.) Sing.

◆ 子実体：クヌギタケ型またはモリノカレバタケ型で、小型から中型。

◆ 傘：幼時丸山形から開いて中高平らとなるが、縁は永く内巻き。色は灰褐色または黄褐色で、表面には放射状の皺があり、湿っているとき強い粘性がある。肉は白く軟質。

◆ 子実層托：ヒダは幅広く密で、柄に上生する。色は白い。

◆ 柄：中心生で細長く、中空。地上生の場合は、基部が根状に伸びて、地中の材につらなる。色は上方淡褐色、下方濃褐色で、表面には縦の条線がある。肉は軟骨質。

◆ 味・におい：無味。無臭。

◆ 胞子：広楕円形、きわめて大型で、表面は平滑。胞子紋は白。

◆ 発生：夏から秋に、針葉樹、広葉樹の切り株や、その周辺の地上に発生する。腐生菌。

◆ 食毒等：滑りを活かし、煮物や汁物にする。

☆ シスチジアは、下方に太まる円柱形。

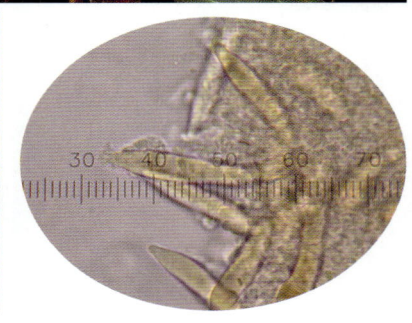

シバフタケ　左下＝横浜市中区、6月、径2cm。

オオホウライタケ　上＝埼玉県川越市、7月、径5cm。
右下＝梶棒形のシスチジア。染色、最小目盛2.5μm。

オオホウライタケ（大蓬莱茸）

キシメジ科ホウライタケ属
Marasmius maximus Hongo

◆子実体：クヌギタケ型で小型。◆傘：幼時円錐形から開いて中高平らとなり、長い溝線がある。色は淡黄褐色。肉は白く、革質で薄い。◆子実層托：ヒダは幅広く疎で、柄に離生する。色は淡黄褐色。◆柄：中心生で細長く、中空。色は褐色で、表面には縦の条線があり、基部は白色菌糸でおおわれる。肉は革質。◆味・におい：無味、無臭。◆胞子：紡錘形、中型で、表面は平滑。胞子紋は白。◆発生：夏から秋に、竹林や各種林内の、厚く積もった落葉から発生する。腐生菌。

シバフタケ（芝生茸）

キシメジ科ホウライタケ属
M. oreades (Bolt.: Fr.) Fr.

前種オオホウライタケに似るが、本種は小型で、芝生などに発生する。両種とも欧米では食用にするという。

スジオチバタケ　左下＝東京都八王子市、6月、径1.5cm。

ハナオチバタケ　上＝東京都八王子市、7月、径1.5cm。右下＝東京都杉並区、6月、径1.5cm。

ハナオチバタケ（花落葉茸）
キシメジ科ホウライタケ属
M. pulcherripes Peck

- 子実体：クヌギタケ型で小型。 ◆傘：幼時円錐形から開いても低い円錐形で、長い溝線がある。肉はやや革質で、きわめて薄い。色はピンク色、紫紅色、橙色など。 ◆子実層托：ヒダは幅広く疎で、柄に上生する。色は傘より淡色。 ◆柄：中心生で細長く、中実。色は濃褐色で、表面は平滑。肉は硬い革質で、針金状。 ◆味・におい：無味無臭。 ◆胞子：棍棒形、大型で、表面は平滑。胞子紋は白。
- ◆発生：夏から秋、特に梅雨時に、厚く積もった落葉上に群生する。腐生菌。

スジオチバタケ（筋落葉茸）
キシメジ科ホウライタケ属
M. purpureostriatus Hongo

前種ハナオチバタケに似るが、本種は傘の色が淡褐色で、溝線が深く、紫色を帯びる。両種とも食毒不明。

サクラタケ　左上・左下＝いずれも東京都多摩市。左上は6月、径3cm。左下は9月、径3cm。

クヌギタケ　右＝埼玉県東松山市、10月、径2.5cm。

クヌギタケ（櫟茸）

キシメジ科クヌギタケ属
Mycena galericulata (Scop.: Fr.) Gray

◆ **子実体**：クヌギタケ型で小型。

◆ **傘**：幼時円錐形から開いても低い円錐形で、長い条線がある。色は淡褐色または灰褐色で、周辺は淡色。肉は軟質で、きわめて薄い。

◆ **子実層托**：ヒダは幅広く疎で、柄に直生する。色は灰白色で赤みを帯びる

◆ **柄**：中心生で細長く、中空。色は傘と同様で、表面は繊維状。肉は軟骨質。

◆ **味・におい**：無味。無臭。

◆ **胞子**：楕円形、中型で、表面は平滑。胞子紋は白。

◆ **発生**：夏から秋に、朽ちた広葉樹の切り株や枯れ木などに発生する。腐生菌

◆ **食毒等**：食用だが、あまり美味ではない。

サクラタケ（桜茸）

キシメジ科クヌギタケ属
M. pura (Pers.: Fr.) Kummer

前種クヌギタケに似るが、本種の色はピンク色、帯紫紅色などで、大根おろし臭がある。有毒

アミヒカリタケ　いずれも東京都中央区、5月、径2.5cm。左下＝管孔が透けて見える。右下＝子実層托は管孔。

アミヒカリタケ（網光茸）

キシメジ科アミヒカリタケ属
Filoboletus manipularis (Berk.) Sing.

🔶 **子実体**：クヌギタケ型かつイグチ型で、小型。

🔶 **傘**：幼時円錐形から開いても低い円錐形。色は淡褐色から白くなり、表面は粉状。肉は白で薄く、裏の網目が透けて見える。孔口は大きく網目状で、色は白く、柄に直生する。

🔶 **子実層托**：管孔は短く、表面は白い微毛でおおわれる。肉はやや硬い繊維質。

🔶 **柄**：中心生で細長く、中空。色は傘と同様で、表面は白い微毛でおおわれる。

🔶 **味・におい**：無味。無臭。

🔶 **胞子**：広楕円形、中型で、表面は平滑。胞子紋は白。

🔶 **発生**：初夏から梅雨時に、海岸近くの朽ちたタブの倒木や切り株に束生する。腐生菌。

🔶 **食毒等**：食毒不明。

☆柄が発光するといわれているが、都内で採取したものには発光が見られなかった。これまで沖縄、和歌山、千葉での発生が報告されているが、東京では、はじめての確認と思われる。

ヒメカバイロタケ　下＝埼玉県川越市、7月、径1cm。左上＝千葉県風土記の丘、6月、径1.5cm。

ヒメカバイロタケ（姫樺色茸）

キシメジ科ヒメカバイロタケ属
Xeromphalina campanella (Batsch.: Fr.) Maire

◆子実体‥キシメジ型またはカヤタケ型で、きわめて小型。

◆傘‥幼時半球形から開いて丸山形、さらに浅い漏斗形となり、長い溝線がある。色は淡橙色で、表面は平滑。肉は淡黄色で脆く、きわめて薄い。

◆子実層托‥ヒダは幅せまく疎で、柄に垂生する。色は傘より淡色。

◆柄‥中心生で、下方に細まり、中実。色は傘より濃色で、下方はさらに濃色。表面は平滑。肉は軟骨質。

◆味・におい‥無味。無臭。

◆胞子‥紡錘形、やや小型で、表面は平滑。胞子紋は白。

◆発生‥夏から秋に、マツやスギなどの針葉樹の切り株や倒木などの上に群生する。腐生菌。

◆食毒等‥食毒不明。

エノキタケ　左＝東京都調布市、2月、径5cm。右上＝東京都八王子市、1月、径2.5cm。右下＝東京都中央区、2月、径4.5cm。

エノキタケ（榎茸）

キシメジ科エノキタケ属
Flammulina velutipes (Curt.: Fr.) Sing.

◆子実体：モリノカレバタケ型で小型。◆傘：幼時丸山形から開いて平らとなり、短い条線がある。色は黄褐色または暗褐色で、表面は湿っているときいちじるしい粘液におおわれる。肉は白く柔軟。◆子実層托：ヒダは幅広くやや疎で細長く、柄に上生する。色は白い。◆柄：中心生で、下方にやや太まり、中空。色は黒褐色で、表面は微毛でおおわれ、ビロード状。肉は柔軟な軟骨質。におい・無味。独特の芳香がある。◆胞子：紡錘形、やや小型で、表面は平滑。胞子紋は白。

◆発生：晩秋から初春に、朽ちた広葉樹の切り株、枯れ木、倒木などに束生する。腐生菌。

◆食毒等：野生のエノキタケは、市販の栽培品とは姿が異なり、味も数段すぐれている。
☆冬のきのこで、雪や雨の降った翌日に朽ちた切り株を探すと、みごとな一株を見つけることができる。

ヒメコナカブリツルタケ　いずれも東京都八王子市。下＝7月、径2.5cm。左上＝6月、径3cm。

ヒメコナカブリツルタケ（姫粉被鶴茸）

テングタケ科テングタケ属
Amanita farinosa Schw.

◆**子実体**：ウラベニガサ型で小型。

◆**傘**：幼時半球形から開いて丸山形、さらに平らとなり、長い条線がある。色は灰色または灰褐色で、表面は灰色粉状の外被膜の破片で密におおわれる。肉は白で、脆く薄い。

◆**子実層托**：ヒダはやや疎で、柄に離生する。色は白い。

◆**柄**：中心生で、下方に太まり、中空。基部は球根状に膨らみ、灰色粉状の外被膜の破片でおおわれるが、ツバはない。色は白く、表面は平滑またはやや粉状様。

◆**味・におい**：無味。無臭。

◆**胞子**：広楕円形、やや小型で、表面は平滑。胞子紋は白。

◆**発生**：夏から秋に、マツやシラカシ、コナラなどの樹下に発生する。外生菌根菌。

◆**食毒等**：消化器系・神経系の中毒を起こす。

☆テングタケ属のキノコは、そのほとんどが植物と共生する外生菌根菌である。

テングタケ　左＝東京都八王子市、7月、径6cm。

テングタケダマシ　右上・右下＝いずれも東京都多摩市。右上は9月、径5cm。右下は10月、径6cm。

テングタケダマシ （天狗茸騙）

テングタケ科テングタケ属
A. sychnopyramis Corner & Bas f. *subannulata* Hongo

◆子実体：ウラベニガサ型で、中型から大型。

◆傘：幼時半球形から開いて平らとなり、条線がある。色は黄褐色で、表面には白く小さな角錐状の外被膜の破片が散在する。色は白い。

◆子実層托：ヒダは密で、下方に太まり、中空。基部は球根状に膨らみ、外被膜の破片が残り、白い膜状のツバがある。色は白く、表面は平滑。

◆味・におい：無味。無臭。

◆胞子：類球形、中型で、表面は平滑。胞子紋は白。

◆発生：夏から秋に、マツやシラカシなどの樹下に発生する。外生菌根菌。

テングタケ （天狗茸）

テングタケ科テングタケ属
A. pantherina (DC.: Fr.) Kromb.

前種テングタケダマシに似るが、本種の傘は暗褐色で、外被膜の破片はかさぶた状である。両種とも有毒。

テングタケで分類入門

真藤　憲政

梅雨から7月にかけては、公園や平地林に多くの夏のきのこが発生し、キノコ好きには忙しくも楽しいシーズンとなる。特にこの時期、初心者にとってはキノコの分類を学ぶチャンスでもある。というのは、この時期林内の地上に多く発生するテングタケ属のきのこが、肉眼で見分けるのに都合のよい部品分を具えた、キノコ分類の入門に適したキノコだからだ。

テングタケ属であることを見分けることにしよう。ハラタケ類の検索表（22〜23ページ）をたどる。子実層托がヒダ→縦に裂ける→ヒダに分岐や連絡がない→柄は中心生→ヒダに蠟状光沢がない→傘と柄が分離しやすい（ウラベニガサ型）→地上生→外被膜（ツボ）がある→内被膜（ツバ）があり、またはなし。次に検索表を横に見て、胞子紋が白というところで、テングタケ科（テングタケ属）に行きつく。テングタケ属には、さらに、傘に条線があるもの（小ヒダが非切断型でアミロイド）とないもの（小ヒダが切断型で非アミロイド）があり、柄は中空、ヒダは白

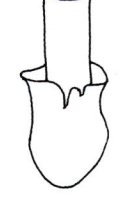

膜状の外被膜（ツボ）

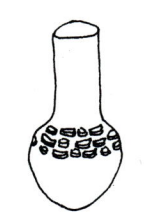

破片状の外被膜（ツボ）

膜状の外被膜（イボ）

破片状の外被膜（イボ）

内被膜が垂下（フリンジ）

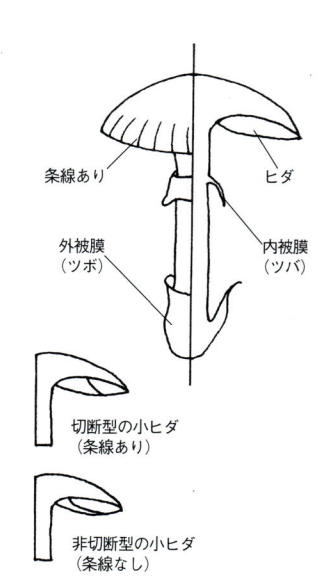

条線あり　　ヒダ
外被膜（ツボ）　内被膜（ツバ）

切断型の小ヒダ（条線あり）

非切断型の小ヒダ（条線なし）

または淡色で柄に離生し、胞子は類球形または楕円形で表面が平滑、外生菌根菌などの特徴もある。

テングタケ属の亜属・節は、これらの形質のうち、条線と外被膜と内被膜を判断基準にし、条線→外被膜→内被膜の順にたどって検索することができる。

亜属・節がわかると、種の同定が正確かつ容易になり、あなたのキノコの数が確実に増えていく。テングタケ属のキノコに出会ったら、この検索表で、ぜひ亜属・節を同定していただきたい。

傘に条線がある例・ツルタケ

傘に条線がない例・コテングタケモドキ

●テングタケ属の亜属・節の検索表

傘に条線がある
　外被膜は脆い（ツボ・イボが破片状）
　　…………テングタケ節 Sect. Amanita
　外被膜は膜質（ツボ・イボが膜状）
　　内被膜（ツバ）がある
　　　…………タマゴタケ節 Sect. Caesareae
　　内被膜（ツバ）がない
　　　…………ツルタケ節 Sect. Vaginatae

傘に条線がない————シロオニタケ亜属 Subgen. Lepidella
　外被膜は膜質（ツボ・イボが膜状）
　　内被膜は膜質で永続性（ツバは膜状）
　　　…………タマゴテングタケ節 Sect. Phalloideae
　　内被膜は脆く早落性（ツバは綿状）
　　　…………フクロツルタケ節 Sect. Amidella
　外被膜は脆い（ツボ・イボが破片状または消失）
　　内被膜（ツバ）は柄のみに垂下
　　　…………キリンタケ節 Sect. Validae
　　内被膜（ツバ）は柄と傘の縁に垂下（フリンジ）
　　　…………シロオニタケ節 Sect. Lepidella

ウスキテングタケ　下＝東京都渋谷区、9月、径8cm。左上＝埼玉県東松山市、7月、径10cm。

ウスキテングタケ（淡黄天狗茸）

テングタケ科テングタケ属
Amanita orientogemmata Z. L. Yang & Yoshim. Doi

◆子実体‥ウラベニガサ型で大型。◆傘‥幼時球形から開いて丸山形、さらに平らとなり、条線がある。色は淡黄色で、表面には白い外被膜の破片が散在する。肉は白く脆い。◆子実層托‥ヒダは幅せまく密で、柄に離生する。色は白い。◆柄‥中心生で、下方に太まり、中空。基部は球根状に膨らみ、外被膜の破片をわずかに残し、中位には淡黄色の膜状のツバがある。色は白く、表面は平滑または白い綿毛状の鱗片におおわれる。肉は傘と同様。◆味・におい‥無味。無臭。◆胞子‥広楕円形、中型で、表面は平滑。胞子紋は白。◆発生‥夏から秋に、アカマツやマテバシイの樹下、雑木林の地上に発生する。外生菌根菌。◆食毒等‥消化器系・神経系の中毒を起こす。

カバイロツルタケ　左下＝埼玉県東松山市、9月、径8cm。

ツルタケ　上＝東京都中央区、6月、径6cm。右下＝東京都目黒区、6月、径5cm。

ツルタケ（鶴茸）
テングタケ科テングタケ属
A. vaginata (Bull.:Fr.) Vitt.

◆子実体‥ウラベニガサ型で中型。

◆傘‥幼時釣鐘形から開いて平らとなり、条線がある。色は灰褐色で、表面は湿っているとき粘性があり、とき に白い外被膜の膜片が残る。

◆子実層托‥ヒダは密で、柄に離生し、色は白い。

◆柄‥中心生で、下方に太まり、中空。基部には白い膜状のツボがあるが、ツバはない。色は白く、表面は平滑または ささくれ状。

◆味・におい‥無味、無臭。

◆胞子‥球形、中型で、表面は平滑。胞子紋は白。

◆発生‥夏から秋に、マツ、シラカシ、コナラなどの樹下に発生する。外生菌根菌。

カバイロツルタケ（樺色鶴茸）
テングタケ科テングタケ属
A. vaginata var. *fulva* (Schaeff.) Gill.

前種ツルタケに似るが、本種は全体に橙褐色を帯びる。両種とも食用だが、有毒成分も検出されている。

オオツルタケ　左上＝東京都新宿区、7月、径5cm。左下＝灰色の縁どりのあるヒダ。右＝埼玉県川越市、7月、径15cm。

オオツルタケ（大鶴茸）

テングタケ科テングタケ属
Amanita vaginata var. *punctata* (Cleland & Cheel) Gilbert

◆**子実体**：ウラベニガサ型で大型。

◆**傘**：幼時卵形から開いて丸山形、さらに平らとなり、長い条線がある。色は灰褐色または濃褐色で、表面に白い外被膜の膜片が残ることがある。肉は白く脆い。

◆**子実層托**：ヒダは幅せまく密で、柄に離生する。色は白く、灰色粉状の縁どりがある。

◆**柄**：中心生で細長く、下方に太まり、中空。基部は深く地中に入り、白い大型膜状のツボがあるが、ツバはない。表面は灰色の粉状鱗片が密におおうまだら模様。肉は傘と同様。

◆**味・におい**：無味、ときに辛みがある。無臭。

◆**胞子**：球形、中型で、表面は平滑。胞子紋は白。

◆**発生**：夏から秋に、アカマツ、マテバシイなどの樹下に発生する。外生菌根菌。

◆**食毒等**：消化器系の中毒を起こす。

テングツルタケ　左＝東京都目黒区、7月、径6cm。右＝横浜市中区、6月、径8cm。

テングツルタケ（天狗鶴茸）

テングタケ科テングタケ属
A. cecitiae (Berk. & Br.) Bas

◆**子実体**：ウラベニガサ型で中型。◆**傘**：幼時半球形から開いて平らとなり、長い条線がある。色は黄褐色または灰褐色で、表面は黒褐色かさぶた状の外被膜の破片でおおわれる。肉は白く脆い。◆**子実層托**：ヒダは幅せまく密で、柄に離生する。色は白く、灰色粉状の縁どりがある。◆**柄**：中心生で細長く、下方に太まり、中空。基部は傘と同様の外被膜の破片でおおわれるが、ツバはない。表面は暗褐色の繊維状鱗片がおおうまだら模様。肉は傘と同様。◆**味・におい**：無味。無臭。◆**胞子**：球形、中型で、表面は平滑。胞子紋は白。◆**発生**：夏から秋に、マテバシイ、コナラなど、広葉樹の樹下に発生する。外生菌根菌。◆**食毒等**：消化器系の中毒を起こす。
☆本種の外被膜は脆く、破片状のイボとツボになる。ツルタケ節の多くは外被膜が膜質であり、本種は同節では特異な存在である。(58・59ページ参照)

タマゴタケ　左下＝東京都多摩市、9月、径12cm。右・左上＝いずれも東京都八王子市。左上は7月、径12cm。右は9月、径14cm。

タマゴタケ（卵茸）

テングタケ科テングタケ属
Amanita hemibapha (Berk. & Br.) Sacc.

◆**子実体**：ウラベニガサ型で大型。

◆**傘**：幼時円錐形から開いて中高平らとなり、条線がある。色は橙赤色で、表面に白い外被膜の膜片が残ることがある。肉は淡黄色で軟質。

◆**子実層托**：ヒダは幅広く密で、柄に離生する。色は黄色。

◆**柄**：中心生で、下方に太まり、中空。基部に白い膜状のツボがあり、上部には赤色膜状のツバがある。表面は黄色と赤色の鱗片がおおうまだら模様。肉は黄色で、硬い繊維質。

◆**味・におい**：無味。無臭。

◆**胞子**：広楕円形、中型で、表面は平滑。胞子紋は白。

◆**発生**：夏から秋に、雑木林の地上に発生する。外生菌根菌。

☆和名のタマゴタケは、幼時白い外被膜が全体をおおい、その姿が卵に似ることによる。

キタマゴタケ（黄卵茸）

テングタケ科テングタケ属
A. javanica (Corner & Bas) T. Oda, C. Tanaka & Tsuda

形状は前種タマゴタケとほとんど同じだが、本種は全体が黄色で、前種の亜種として扱われることもある。両種とも美味だが、煮汁が黄色くなるので、パエリヤやカレー風味の洋風料理にするとよい。

キタマゴタケ　左上・左下・右上＝いずれも東京都多摩市、7月、径15cm。

ドウシンタケ　左＝埼玉県東松山市、9月、径7cm。右＝東京都目黒区、7月、径8cm。

ドウシンタケ（道心茸）

テングタケ科テングタケ属
Amanita esculenta Hongo & Matsuda

◆ 子実体：ウラベニガサ型で大型。

◆ 傘：幼時半球形から開いて平らとなり、条線がある。色は黒褐色で、表面は湿っているとき粘性があり、ときに白い外被膜の膜片が残る。肉は白く脆い。

◆ 子実層托：ヒダは幅広くやや疎で、柄に離生する。色は白い。

◆ 柄：中心生で、下方に太まり、中空。基部に白く厚い膜状のツボがあり、上部には灰色膜状のツバがある。色は淡灰色で、表面は灰色繊維状の鱗片がおおうまだら模様。肉は傘と同様。

◆ 胞子：広楕円形、大型で、表面は平滑。胞子紋は白。

◆ 発生：夏から秋に、マツ、コナラ、シラカシなどの樹下に発生する。外生菌根菌。

◆ 味・におい：無味。無臭。

◆ 食毒等：食用ではあるが、類似種に注意。

☆和名のドウシンは道心坊（成人して仏門に入った僧）の意ともいわれる。

アカハテングタケ　左＝東京都多摩市、9月、径8cm。右上＝埼玉県川越市、6月、径10cm。右下＝ピンク色のヒダ。

アカハテングタケ（赤褶天狗茸）

別名　タマゴテングタケモドキ（卵天狗茸擬）
テングタケ科テングタケ属
A. longistriata Imai

◆子実体：ウラベニガサ型で中型。◆傘：幼時半球形から開いて丸山形、さらに平らとなり、長い条線がある。色は淡灰褐色で赤みを帯び、表面は湿っているとき粘性がある。肉は白く薄い。◆子実層托：ヒダは幅広く、やや疎で、柄に離生する。色はピンク色。◆柄：中心生で細長く、上下同径で、中空。基部に白い膜状のツボがあり、上部には白い膜状のツバがある。色は白く、表面は白い繊維状の鱗片がおおうまだら模様。肉は傘と同様。大型で、表面は平滑。胞子紋は白。◆味・におい：無味、無臭。◆胞子：楕円形。◆発生：夏から秋に、雑木林の地上に発生する。外生菌根菌。
◆食毒等：消化器系のきのこの中毒を起こす。
☆テングタケ属のきのこのヒダは、ほとんどが白だが、本種はピンク色で、同属では特異な存在。

ドクツルタケ　埼玉県東松山市、9月、径15cm。

ドクツルタケ（毒鶴茸）

テングタケ科テングタケ属
Amanita virosa (Fr.) Bertillon

◆ **子実体**：ウラベニガサ型で、中型から大型。

◆ **傘**：幼時釣鐘形から開いて中高平らとなり、条線はない。色は白く、表面は湿っているとき弱い粘性がある。肉は白く薄い。

◆ **子実層托**：ヒダは幅広く密で、柄に離生する。色は白い。

◆ **柄**：中心生、上下同径で、中実。基部は膨らみ、白い膜状のツボがあり、上部には白い膜状のツボがある。表面は白いささくれ状鱗片でおおわれる。肉は傘と同様。

◆ **胞子**：球形、中型で、表面は平滑。胞子紋は白。

◆ **味・におい**：無味。無臭。

◆ **発生**：夏から秋に、マツの樹下や雑木林の地上に発生する。外生菌根菌。

◆ **食毒等**：猛毒菌。肝臓や腎臓など、内臓の細胞を破壊する。死亡例も多く、シロフクロタケなどと誤食しないよう注意が必要。

コテングタケモドキ　上＝埼玉県東松山市、9月、径14cm。左下＝ヒダを内被膜がおおっている。東京都八王子市、7月、径10cm。

コテングタケモドキ（小天狗茸擬）

テングタケ科テングタケ属
A. pseudoporphyria Hongo

◆ 子実体：ウラベニガサ型で、中型から大型。

◆ 傘：幼時半球形から開いて丸山形、さらに平らとなり、条線はない。色は灰褐色。表面は暗褐色の繊維がおおう絣模様で、湿っているとき弱い粘性がある。肉は白く柔軟。

◆ 子実層托：ヒダは幅せまく密で、柄に離生する。色は白い。

◆ 柄：中心生で、下方に太まり、中実。基部は膨らみ、白い膜状のツボがあり、上部には白い膜状のツバがある。色は白く、表面は白い繊維状の鱗片がおおうまだら模様。肉は傘と同様。

◆ 味・におい：無味。無臭。

◆ 胞子：楕円形、中型で、表面は平滑。胞子紋は白。

◆ 発生：夏から秋に、雑木林やシイ・カシ林の地上に発生する。外生菌根菌。

◆ 食毒等：消化器系の中毒を起こす。

フクロツルタケ　上＝東京都八王子市、9月、径8cm。左下＝埼玉県川越市、7月、径6cm。右下＝埼玉県東松山市、9月、径10cm。

フクロツルタケ（袋鶴茸）

テングタケ科テングタケ属
Amanita volvata (Peck) Martin

◆**子実体**‥ウラベニガサ型で、小型から中型。

◆**傘**‥幼時半球形から開いて丸山形、さらに平らとなり、条線はない。色は白く、表面は淡褐色、綿屑状の鱗片でおおわれ、ときに厚い外被膜の膜片が残る。肉は白く、赤変する。

◆**子実層托**‥ヒダは幅広く密で、柄に離生する。色は白く、赤いしみが現れる。

◆**柄**‥中心生で、下方に太まり、中空。基部は膨らみ、白く厚い膜状のツボがあり、上部には綿状のツバがあるが早期に消失する。色、表面とも傘と同様。肉も傘と同様。

◆**味・におい**‥無味。無臭。

◆**胞子**‥長楕円形、中型で、表面は平滑。胞子紋は白。

◆**発生**‥夏から秋に、マツの樹下や、雑木林の地上に発生する。外生菌根菌。

◆**食毒等**‥猛毒菌。肝臓や腎臓など、内臓の細胞を破壊する。

シロテングタケ　下＝東京都八王子市、7月、径10cm。右上＝埼玉県小川町、9月、径15cm。

シロテングタケ（白天狗茸）

テングタケ科テングタケ属
A. neovoidea Hongo

◆**子実体**：ウラベニガサ型で、中型から大型。
◆**傘**：幼時球形から開いて丸山形、さらに平らとなり、条線はなく、縁に内被膜の残片が垂下する。色は白く、表面は湿っているとき粘性があり、淡黄色大型の外被膜の膜片が残る。肉は白く柔軟。
◆**子実層托**：ヒダは幅広く密で、柄に離生する。色はクリーム色。
◆**柄**：中心生で、下方にやや太まり、中実。基部に外被膜の内層のみが残り、ツボがないように見える。上部には綿状のツバがあるが早期に消失する。色は傘と同様。
◆**味・におい**：無味、青臭い。
◆**胞子**：楕円形、中型で、表面は平滑。胞子紋は白。
◆**発生**：夏から秋に、マツの樹下、雑木林やシイ・カシ林の地上に発生する。外生菌根菌。
◆**食毒等**：消化器系の中毒を起こす。

ガンタケ　いずれも千葉県風土記の丘、6月。下＝径10cm。左上＝径5cm。

ガンタケ（雁茸）

テングタケ科テングタケ属
Amanita rubescens Pers.: Fr.

- ◆ 子実体：ウラベニガサ型で、中型から大型。
- ◆ 傘：幼時球形から開いて丸山形、さらに平らとなり、条線はない。色は明褐色または濃褐色で、表面は白い角錐形またはいぼ（疣）形の外被膜の破片でおおわれる。肉は白で、薄く、赤変する。
- ◆ 子実層托：ヒダは幅せまく密で、柄に離生する。色は白く、赤いしみが現れる。
- ◆ 柄：中心生、上下同径で、中空。基部は球根状に膨らみ、細かい外被膜の破片でおおわれ、上部には白い膜状のツバがある。色は傘より淡色。肉は傘と同様。
- ◆ 胞子：広楕円形、中型で、表面は平滑。胞子紋は白。
- ◆ 味・におい：無味。無臭。
- ◆ 発生：夏から秋に、マツの樹下や、雑木林の地上に発生する。外生菌根菌。
- ◆ 食毒等：食用とされるが、ときに消化器系・神経系の中毒を起こす。

ヘビキノコモドキ　上＝埼玉県東松山市、8月、径8cm。左下＝東京都多摩市、7月、径12cm。右下＝東京都八王子市、9月、径6cm。

ヘビキノコモドキ（蛇茸擬）

テングタケ科テングタケ属
A. spissacea Imai

◆ 子実体‥ウラベニガサ型で、中型から大型。

◆ 傘‥幼時半球形から開いて丸山形、さらに平らとなり、条線はない。色は黄褐色で、表面は黒褐色かさぶた状の外被膜の破片で密におおわれる。肉は白く薄い。

◆ 子実層托‥ヒダは幅広く密で、柄に離生する。色は白い。

◆ 柄‥中心生で、下方に太まり、中実。基部は球根状に膨らみ、傘と同様の外被膜の破片におおわれ、上部には白い膜状のツバがある。色は傘と同様で、表面は暗褐色の繊維状鱗片がおおうまだら模様。肉は傘と同様。

◆ 味・におい‥無味、無臭。

◆ 胞子‥広楕円形、中型で、表面は平滑。胞子紋は白。

◆ 発生‥夏から秋に、シイ・カシ林や雑木林の地上に発生する。外生菌根菌。

◆ 食毒等‥消化器系・神経系の中毒を起こす。

シロオニタケ　いずれも東京都八王子市。下＝10月、径15cm。左上＝9月、径6cm。

シロオニタケ（白鬼茸）
テングタケ科テングタケ属
Amanita virgineoides Bas

◆ **子実体**：ウラベニガサ型で大型。

◆ **傘**：幼時半球形から開いて丸山形、さらに平らとなり、条線はなく、縁に早落性のフリンジを垂下する。色は白く、表面は白い錐形の外被膜の破片で密におおわれる。肉は白で、硬くしまる。

◆ **子実層托**：ヒダは幅せまく密で、柄に離生する。色は白い。

◆ **柄**：中心生で、下方に太まり、中実。基部は棍棒状で、傘と同様の外被膜の破片におおわれ、上部には白い綿状のツバがある。色は傘と同様で、表面の上部は綿屑状、下部は錐状の鱗片でおおわれる。肉は傘と同様。

◆ **味・におい**：無味。無臭。

◆ **胞子**：広楕円形、中型で、表面は平滑。胞子紋は白。

◆ **発生**：夏から秋に、雑木林の地上に発生する。外生菌根菌。

◆ **食毒等**：消化器系・神経系の中毒を起こす。

コトヒラシロテングタケ 下＝東京都武蔵村山市、10月、径12cm。右上＝東京都八王子市、10月、径10cm。

コトヒラシロテングタケ（琴平白天狗茸）

テングタケ科テングタケ属
A. kotohiraensis Nagasawa & Mitani

◆子実体：ウラベニガサ型で、小型から中型。

◆傘：幼時球形から開いて丸山形、さらに平らとなり、条線はなく、縁に早落性のフリンジを垂下する。色は白く、表面には白いかさぶた状の外被膜の破片が散在し、湿っているとき粘性がある。肉は白く柔軟。

◆子実層托：ヒダは幅せまく密で、柄に離生する。色はクリーム色。

◆柄：中心生、上下同径で、中実。基部は球根状に膨らみ、外被膜の破片が数段環状に並び、上部には綿状のツバがある。色は傘と同様。肉も傘と同様。

◆味・におい：無味。強い塩素臭がある。

◆胞子：広楕円形、中型で、表面は平滑。胞子紋は白。

◆発生：夏から秋に、雑木林の地上に発生する。外生菌根菌。

◆食毒等：食毒不明。

コフクロタケ　左下＝東京都千代田区、6月、径5cm。

シロフクロタケ　上＝東京都千代田区、6月、径8cm。右下＝埼玉県さいたま市、11月、径6cm。

シロフクロタケ（白袋茸）
ウラベニガサ科フクロタケ属
Volvariella speciosa (Fr.: Fr.) Sing.

- ◆子実体：ウラベニガサ型で、小型から中型。
- ◆傘：幼時円錐形または釣鐘形から、開いて中高平らとなる。色は白く、表面は湿っているとき粘性がある。
- ◆子実層托：ヒダは幅広く密で、柄に離生する。色は白からピンク色、さらに淡赤褐色となる。
- ◆柄：中心生で、下方に太まり、中実。基部には白い膜状のツボがある。色は白く、表面は平滑。
- ◆味・におい：無味。無臭。
- ◆胞子：楕円形、大型で、表面は平滑。胞子紋はピンク色。
- ◆発生：初夏から晩秋に、腐植の多い地に発生する。腐生菌。
- ◆食毒等：食用だが、猛毒菌ドクツルタケに似るので注意が必要。

コフクロタケ（小袋茸）
ウラベニガサ科フクロタケ属
V. subtaylori Hongo

前種シロフクロタケに形が似るが、本種は全体

ウラベニガサ　下＝東京都中央区、6月、径10cm。右上＝錨形のシスチジア。染色、最小目盛2.5μm。

ウラベニガサ（裏紅傘）

別名　シカタケ（鹿茸）
ウラベニガサ科ウラベニガサ属
Pluteus atricapillus (Batsch) Fayod

◆子実体：ウラベニガサ型で、小型から中型。が黒褐色で小型。食毒不明。

◆傘：幼時釣鐘形から開いて丸山形、さらに中高平らとなり、条線がある。色は灰褐色で、表面は濃褐色の繊維で放射状におおわれる。肉は淡黄色で、脆く薄い。

◆子実層托：ヒダは幅広く密で、柄に離生する。色は白からピンク色、さらに淡赤褐色となる。

◆柄：中心生で、下方にやや太まり、中実。色は白く、表面には濃褐色の繊維状鱗片がある。肉は白く繊維質。

◆味・におい：無味。土臭い。

◆胞子：楕円形、中型で、表面は平滑。胞子紋はピンク色。

◆発生：夏から秋に、広葉樹の腐朽の進んだ倒木や切り株に発生する。腐生菌。

◆食毒等：食用になるが、土臭く、あまり美味とはいえない。

ベニヒダタケ　左上＝埼玉県東松山市、6月、径4cm。左下＝東京都調布市、7月、径5cm。右＝東京都多摩市、9月、径6cm。

ベニヒダタケ（紅襞茸）

ウラベニガサ科ウラベニガサ属
Pluteus leoninus (Schaeff.: Fr.) Kummer

◆子実体：ウラベニガサ型で、小型から中型。

◆傘：幼時半球形から開いて丸山形、さらに平らとなり、条線がある。色は鮮黄色または橙黄色で、表面の中央付近には皺または凸凹がある。肉は淡黄色で、脆く薄い。

◆子実層托：ヒダは幅広く密で、色は白からピンク色、さらに淡赤褐色になる。

◆柄：中心生で、下方に太まり、中空。色は淡黄色で、表面は濃色の繊維状鱗片でおおわれる。肉は白または淡黄色で軟質。

◆胞子：広楕円形、やや小型で、表面は平滑。胞子紋はピンク色。

◆味・におい：無味。無臭。

◆発生：初夏から晩秋に、広葉樹の倒木や切り株、またはその周辺の地上に発生する。腐生菌。

◆食毒等：食用になるが、肉が軟らかく、あまり美味とはいえない。

マントカラカサタケ　左下＝埼玉県東松山市、9月、径10cm。

カラカサタケ　左上＝神奈川県相模原市、10月、径16cm。右＝幼菌。東京都八王子市、9月、径5cm。

カラカサタケ（唐傘茸）

ハラタケ科カラカサタケ属
Macrolepiota procera (Scop.: Fr.) Sing.

◆子実体：ウラベニガサ型で大型。 ◆傘：幼時卵形から開いて中高平らとなる。暗褐色の表皮が裂けて、かさぶた状の鱗片となり、灰褐色の地に散在する。 ◆子実層托：ヒダは密で、柄に隔生する。色は白から淡褐色となる。 ◆柄：中心生で細長く、上下同径で、中空。褐色のリング状のツバがある。色は暗褐色で、表皮がひび割れてまだら模様となる。 ◆味・におい：無味。無臭。 ◆胞子：楕円形、大型で、表面は平滑。胞子紋は類白色。 ◆発生：夏から秋に、竹林や各種林内の地上、草地などに散生する。腐生菌。

マントカラカサタケ（マント唐傘茸）

ハラタケ科カラカサタケ属
Macrolepiota sp.

前種カラカサタケに似るが、本種の傘の地肌は白い綿毛状で、ツバは白いマント状。両種とも柄が硬いので幼菌の傘をフリッターなどにする。

アカキツネガサ　下＝東京都中央区、9月、径5cm。左上＝東京都八王子市、8月、径4cm。

アカキツネガサ（赤狐傘）

ハラタケ科シロカラカサタケ属
Leucoagaricus rubrotinctus (Peck) Sing.

◆**子実体**：ウラベニガサ型で小型。◆**傘**：幼時半球形から開いて丸山形、さらに中高平らとなる。淡赤褐色または帯紫褐色の表皮が放射状に裂けて、繊維状の鱗片となり、白い地をおおう。肉は白く薄い。◆**子実層托**：ヒダは幅せまく密で、柄に離生する。色は白い。◆**柄**：中心生、上下同径で、基部は梶棒状に膨らみ、中空。上部に赤褐色に縁どられたリング状のツバがある。色は白く、表面は平滑。肉は白く軟質。◆**味・におい**：無味。無臭。◆**胞子**：紡錘形、やや小型で、表面は平滑。胞子紋は白。

◆**発生**：夏から秋に、竹林や各種林内の地上、草地などに発生する。腐生菌。

◆**食毒等**：食毒不明。

ツブカラカサタケ 下＝東京都港区、9月、径3cm。右上＝東京都渋谷区、9月、径5cm。

ツブカラカサタケ（粒唐傘茸）

ハラタケ科シロカラカサタケ属
L. meleagris (Sow.) Sing.

◆子実体：ウラベニガサ型で小型。

◆傘：幼時釣鐘形から開いて丸山形、さらに中高平らとなる。淡褐色の表皮が細裂して、粒状の鱗片となり、白い地を密におおう。肉は白く、赤変性があり、幼時には赤い液を分泌する。

◆子実層托：ヒダは幅広く密で、柄に隔生する。色は白からクリーム色となる。

◆柄：中心生で、下方に太まり、基部は棍棒状に膨らむが、地中に根状に細まり、中空。中位に黒く縁どられた膜状のツバがある。色、表面とも傘と同様。肉も傘と同様。

◆味・におい：無味。無臭。

◆胞子：楕円形、中型で、表面は平滑。胞子紋はクリーム色。

◆発生：夏から秋に、公園にまかれたチップや厚く積もった落葉など腐植の多い地に束生する。腐生菌。

◆食毒等：食毒不明。

ザラエノハラタケ　下＝東京都八王子市、10月、径15cm。左上＝埼玉県東松山市、10月、径6cm。

ザラエノハラタケ（粗柄原茸）

ハラタケ科ハラタケ属
Agaricus subrutilescens (Kauffman) Hotson & Stuntz

◆**子実体**：ウラベニガサ型で中型。

◆**傘**：幼時頂部が平らな半球形から、開いて丸山形、さらに平らとなる。紫褐色の表皮が細裂して、繊維状の鱗片となり、赤みを帯びた白い地を密におおう。肉は白で厚く、赤変性がある。

◆**子実層托**：ヒダは密で、柄に隔生する。色は白からピンク色、さらに紫褐色となる。

◆**柄**：中心生で、下方に太まり、基部は棍棒状に膨らみ、中空。中位に白い膜状のツバがある。色は白く、ツバより下は白いささくれ状鱗片でおおわれる。肉は傘同様。

◆**味・におい**：無味。無臭。

◆**胞子**：楕円形、小型で、表面は平滑。胞子紋は紫褐色。

◆**発生**：夏から秋に、公園にまかれたチップや落葉の集積場などに発生する。腐生菌。

◆**食毒等**：食用にされるが、ときに消化器系の中毒を起こす。

ナカグロモリノカサ　左上・左下＝いずれも東京都杉並区、7月。左上は径12cm。左下は径10cm。

ウスキモリノカサ　右上＝埼玉県川越市、9月、径10cm。右下＝埼玉県東松山市、9月、径8cm。

ウスキモリノカサ（淡黄森傘）

ハラタケ科ハラタケ属
A. abruptibulbus Peck

◆子実体：ウラベニガサ型で中型。

◆傘：幼時釣鐘形から開いて平らとなる。色は淡黄色で、表面は平滑。肉は白く、黄変性がある。

◆子実層托：ヒダは密で、柄に隔生する。さらに紫褐色となる。

◆柄：中心生で、下方に太まり、基部は球根状に膨らみ、中空。上部には白い膜状のツバがある。色、表面とも傘同様。

◆胞子：楕円形、やや小型で、表面は平滑。胞子紋は紫褐色。

◆発生：夏から秋に、公園や各種林内の落ち葉などの腐植から発生する。腐生菌。

◆味・におい：無味。無臭。

ナカグロモリノカサ（中黒森傘）

ハラタケ科ハラタケ属
A. praeclaresquamosus Freeman

前種ウスキモリノカサに形は似るが、本種の傘は黒褐色の細鱗片でおおわれる。前種は可食だが、本種は消化器系の中毒を起こす。

オニタケ 上＝横浜市中区、9月、径7cm。右下＝東京都杉並区、9月、径8cm。

オニタケ（鬼茸）

ハラタケ科キツネノカラカサ属
Lepiota acutesquamosa (Weinm.: Fr.) Gill. s. lat.

◆**子実体**‥ウラベニガサ型で中型。 ◆**傘**‥幼時半球形から開いて丸山形、さらに中高平らとなる。色は黄褐色または明褐色で、表面は濃褐色の小さな刺状の鱗片でおおわれ、鱗片がとれると亀甲形の跡が残る。肉は白く薄い。 ◆**子実層托**‥ヒダは幅せまく密で、柄に隔生する。色は白い。 ◆**柄**‥中心生、上下同径で、ときに基部が膨らみ、中空。中位に、傘と同じ刺状鱗片に縁どられた白い綿状のツバがある。色は白く、表面は傘と同様の鱗片でおおわれる。肉も傘と同様。 ◆**味・におい**‥無味。無臭。 ◆**胞子**‥長楕円形、やや小型で、表面は平滑。胞子紋は白。 ◆**発生**‥初夏から秋に、ヒマラヤスギやサクラの樹下などで、厚く積もった落葉から発生する。腐生菌。 ◆**食毒等**‥消化器系の中毒を起こす。

顕微鏡で見るキノコの世界

木原　正博

顕微鏡の下で、キノコは肉眼で見るのとはまったく異なる姿を見せてくれる。あの毒々しいキノコも、あの可憐なキノコにこんな可愛い部分があるのか、一枚めくるとこんなことになっているのか——などなど。そのギャップがなんとも楽しいのだ。

ちょっと工夫が要るが、カメラと接続して写真を撮ることだってできる。デジカメだとそれが比較的容易になる。それほど高級な機材でなくても構わない。一部ではあるが、本書に掲載した胞子やシスチジアなど、キノコの微細構造の写真はすべて、中古で購入した私の光学顕微鏡を通して、解像度300万画素のデジカメで撮影したものだ。

本来、顕微鏡は、キノコの同定を進めるための有力な道具のひとつである。顕微鏡で見るキノコの部位には、胞子の形状、担子胞子をつくる担子器（担子菌類）、その中に子のう胞子をつくる子のう（チャワンタケ類）、子実層の間隙を維持すると考えられているシスチジア、傘の表皮細胞、菌糸細胞の継ぎ目に見られるクランプ結合など多岐にわたる。そして、それらがすべてキノコ同定の重要な判断基準になる。

顕微鏡観察をしていると、本来の狙い以外のシーンにもよく出くわす。オオカバイロヒトヨタケの傘の繊毛を食べる虫を見て感動したり、観察の終わったオオゴムタケから吹き出す胞子に見とれたり——。

顕微鏡観察にぜひ挑戦していただきたい。小さな接眼レンズの向こうに広がる世界は、あなただけが見られるもの。もうひとつのキノコの世界が、テレビやインターネットでは得られない感動をきっと与えてくれるはずだ。

世界三大珍味のトリュフの中身には、こんな胞子が詰まっている。無染色、最小目盛1μm。

ササクレヒトヨタケ　いずれも東京都杉並区、6月。上＝草地に群生する。左下＝老菌。径4cm。右下＝幼菌。全長8cm。

ササクレヒトヨタケ（逆皮一夜茸）

ヒトヨタケ科ヒトヨタケ属
Coprinus comatus (Müller: Fr.) Pers.

◆子実体‥クヌギタケ型で小型。

◆傘‥幼時円筒形から開いて釣鐘形となり、縁が反り返る。色は白く、表面は白または淡黄色の綿毛状または繊維状の鱗片でささくれ状におおわれる。肉は白く薄い。

◆子実層托‥ヒダは幅広く密で、柄に離生する。色は白から赤みを帯び、ついには黒くなり、ヒダが液化して胞子を滴下する。

◆柄‥中心生で、下方に太まり、基部は地中で根状に細まり、中空。中位にリング状のツバがある。色は白く、表面は平滑。肉は白い。

◆味・におい‥無味。無臭。

◆胞子‥紡錘形、大型で、表面は平滑。胞子紋は黒。

◆発生‥春から秋に、地下に朽木が埋もれた草地や路傍の植えこみの中などに群生する。腐生菌。

◆食毒等‥食感、味ともによく、マリネや炒め物、オムレツの具などにする。

☆散歩中などに、思わぬところで出会う、都会で味わえる美味なきのこである。

ヒトヨタケ　左＝東京都杉並区、6月、径5cm。右＝東京都中央区、6月、径4cm。

ヒトヨタケ（一夜茸）

ヒトヨタケ科ヒトヨタケ属
C. atramentarius (Bull.: Fr.) Fr.

◆子実体：クヌギタケ型で小型

◆傘：幼時円錐形から開いても低い円錐形で、縁が反り返り、長い条線がある。色は灰色で、表面は灰褐色の繊維状鱗片でおおわれる。肉は白く薄い。

◆子実層托：ヒダは幅広く密で、柄に上生する。色は白から灰色、ついには黒くなり、ヒダが液化して胞子を滴下する。

◆柄：中心性で、下方に太まり、中空。下部に早落性のツバがある。色は白く、表面は平滑。肉は白く柔軟。

◆味・におい：無味、無臭。

◆胞子：紡錘形、中型で、表面は平滑。胞子紋は黒。

◆発生：春から秋に、草地や朽木、腐植などに発生する。腐生菌。

◆食毒等：アルコールとともに食べると、悪酔い症状になる。食べた後、その影響は一週間に及ぶ。

☆中毒はアルコールから生じるアルデヒドの分解を、本種の含有するコプリンが阻害するためで、ほかにも同物質を持つキノコが数種ある。

ザラエノヒトヨタケ　下＝東京都八王子市、6月、径2.5cm。左上＝東京都杉並区、6月、径2cm。

ザラエノヒトヨタケ（粗柄一夜茸）

ヒトヨタケ科ヒトヨタケ属
Coprinus sp.

◆子実体：クヌギタケ型で、きわめて小型。幼時円筒形から開いて円錐形となり、長い条線がある。色は灰色で、表面は白い繊維状鱗片でおおわれる。肉は白く、きわめて薄い。◆子実層托：ヒダは幅広く、やや疎で、柄に離生する。色は白から灰色になり、ついには黒くなるが、ヒダの液化は弱い。◆柄：中心生で細長く、下方に太まり、肉はやや硬い。色は白く、表面は白い微毛でおおわれる。中空。◆味・におい：無味。無臭。◆胞子：紡錘形、中型で、表面は平滑。胞子紋は黒。◆発生：夏から秋に、公園にまかれたチップや、藁などの腐植から発生する。腐生菌。◆食毒等：食毒不明。
☆ヒトヨタケの名は、発生後一夜のうちに消えることによるが、本種のようにきわめて小型のきのこは、早朝に発生し、日が昇るころには萎れてしまうほどである。

88

ホソネヒトヨタケ　左＝東京都千代田区、6月、径3.5cm。右上＝東京都中央区、6月、径3.5cm。右下＝菌糸束。

ホソネヒトヨタケ（細根一夜茸）

ヒトヨタケ科ヒトヨタケ属
C. rhizophorus Kawamura ex Hongo & K.Yokoyama

◆ **子実体**：クヌギタケ型で小型。

◆ **傘**：幼時卵形から開いて円錐形となり、長い溝線がある。色は白から灰褐色になり、表面は粒状またはかさぶた状の鱗片で、同心円状におおわれる。肉は白で、脆く薄い。

◆ **子実層托**：ヒダは密で、柄に離生する。色は白から赤みを帯び、ついには黒くなり、ヒダが液化して胞子を滴下する。

◆ **柄**：中心生で細長く、下方にやや太まり、中空。基部は材中または地中の菌糸束につらなる。色は白く、下部は傘と同様の鱗片でおおわれる。肉は白く、繊維質。

◆ **胞子**：紡錘形、中型で、表面は平滑。胞子紋は黒。

◆ **味・におい**：無味。無臭。

◆ **発生**：夏から秋に、朽ちた広葉樹の倒木や切り株、またはその周辺の地上に束生する。腐生菌。

◆ **食毒等**：食毒不明。

キララタケ　左＝老菌。東京都中央区、10月、径3cm。右上＝東京都世田谷区、6月、径2.5cm。

コキララタケ　右下＝基物に黄色い菌糸が広がる。東京都文京区、6月、径2cm。

キララタケ（雲母茸）

ヒトヨタケ科ヒトヨタケ属
Coprinus micaceus (Bull.: Fr.) Fr.

◆ **子実体**：クヌギタケ型で小型。 ◆ **傘**：幼時卵形から開いて円錐形となり、長い溝線がある。色は淡黄褐色で、表面は雲母状の細粒状鱗片でおおわれる。 ◆ **子実層托**：ヒダは幅せまく密で、柄に離生する。色は白から黒くなり、ヒダが液化する。 ◆ **柄**：中心生で細長く、下方にやや太まり、中空。色は白く、表面は平滑。 ◆ **味・におい**：無味。無臭。 ◆ **胞子**：紡錘形、中型で、表面は平滑。胞子紋は黒。 ◆ **発生**：夏から秋、サクラやタブなどの広葉樹の朽木や切り株、周辺の地上に発生する。腐生菌。 ◆ **食毒等**：アルコールとともに食べると、悪酔い症状になる。

コキララタケ（小雲母茸）

ヒトヨタケ科ヒトヨタケ属
C. radians (Desm.: Fr.) Fr.

前種キララタケに似るが、本種の傘の鱗片はか

イヌセンボンタケ　上＝東京都渋谷区、10月、径0.8cm。左下＝東京都目黒区、6月、径1cm。右下＝細長いシスチジアと胞子。染色、最小目盛2.5μm。

イヌセンボンタケ（犬千本茸）

ヒトヨタケ科ヒトヨタケ属
C. disseminatus (Pers.: Fr.) Gray

さぶた状で、きのこが発生する基物上には黄色い菌糸がマット状に広がる。

◆**子実体**：クヌギタケ型で、きわめて小型。

◆**傘**：幼時卵形から開いて円錐形となり、長い溝線がある。色は白または灰白色で、表面は白い微毛でおおわれる。肉は白で脆く、きわめて薄い。

◆**子実層托**：ヒダは幅広く疎で、柄に上生する。色は白から灰色となり、ついには黒くなるが、ヒダは液化しない。

◆**柄**：中心生で細長く、下方にやや太まり、中空。色は白く、表面は白い微毛でおおわれる。肉は白く軟質。

◆**味・におい**：無味無臭。

◆**胞子**：紡錘形、中型で、表面は平滑。胞子紋は黒。

◆**発生**：春から秋に、各種広葉樹の朽ちた切り株や、その周辺の地上に群生する。腐生菌

◆**食毒等**：食毒不明。

イタチタケ　下＝東京都渋谷区、6月、径5cm。左上＝東京都八王子市、6月、径3cm。

イタチタケ（鼬茸）

ヒトヨタケ科ナヨタケ属
Psathyrella candolleana (Fr.:Fr.) Maire

◆子実体：クヌギタケ型で小型。

◆傘：幼時円錐形から開いても低い円錐形で、縁には白い内被膜の残片が下がる。色は淡黄褐色または淡褐色だが、中央付近が淡色で、表面は幼時白い繊維状の鱗片でおおわれるが、後脱落して平滑となる。肉は淡黄褐色で、脆く薄い。

◆子実層托：ヒダは幅せまく密で、柄に上生する。色は白から淡紫色、さらに紫黒色となる。

◆柄：中心生で、下方にやや太まり、中空。上部に破片状のツバがわずかにつくが、早期に消失する。色は白く、表面には傘と同様の鱗片がつく。肉は傘と同様。

◆味・におい：無味、無臭。

◆胞子：紡錘形、やや小型で、表面は平滑。胞子紋は紫黒色。

◆発生：夏から秋に、各種広葉樹の切り株や倒木、またはその周辺の地上に発生する。腐生菌。

◆食毒等：水から煮だすと、よいだしが出る。

ムジナタケ　下＝東京都千代田区、5月、径4cm。右上＝東京都中央区、10月、径6cm。

ムジナタケ（狢茸）

ヒトヨタケ科ナヨタケ属
P. velutina (Pers.) Sing.

◆ 子実体‥クヌギタケ型で小型。◆ 傘‥幼時円錐形から開いても低い円錐形で、縁には白い内被膜の残片が下がる。色は黄褐色または褐色で、表面は暗褐色の繊維状鱗片で厚くおおわれる。肉は淡黄褐色で、脆く薄い。◆ 子実層托‥ヒダは幅せまく密で、柄に上生する。色は淡褐色から紫黒色になる。◆ 柄‥中心生で、下方にやや太まり、中空。上部に白い繊維状のツバがあるが、上面は胞子が堆積して黒くなる。色は傘と同様で、表面は傘と同様の鱗片がおおうまだら模様。肉は傘と同様。◆ 味・におい‥無味。無臭。◆ 胞子‥紡錘形、中型で、表面は小さい疣(いぼ)でおおわれる。胞子紋は紫黒色。◆ 発生‥夏から秋に、草地や花壇など、腐植の多い地に発生する。腐生菌。◆ 食毒等‥水から煮だすと、よいだしが出る。

シワナシキオキナタケ　いずれも東京都杉並区、6月。上＝公園にまかれたチップ状に数千本が群生。左下＝径4cm。右下＝径3cm。

シワナシキオキナタケ（皺無黄翁茸）

オキナタケ科オキナタケ属
Bolbitius vitellinus (Pers.: Fr.) Fr.

◆**子実体**‥クヌギタケ型で小型。　◆**傘**‥幼時卵形から開いて中高平らとなり、長い溝線がある。色は鮮黄色または帯オリーブ黄色で、表面は湿っているとき粘性がある。肉は淡黄色で薄い。　◆**子実層托**‥ヒダは幅広く密で、柄に上生する。色は淡黄色から暗褐色になる。　◆**柄**‥中心生で細長く、中空。色は傘と同様で、表面はささくれ状の鱗片がおおうまだら模様。肉は傘と同様。　◆**胞子**‥楕円形、やや大型で、い‥無味。無臭。　◆**味・にお**表面は平滑。胞子紋は暗褐色。　◆**発生**‥夏から秋に、公園にまかれたチップや腐植の多い地に発生する。腐生菌　◆**食毒等**‥食毒不明。
☆和名のシワナシキオキナタケのこの多くが、傘に皺があることによる。「皺無」は、本種の傘には皺が少ないことによる。ナタケ属のきのこの「翁」は、オキ

ツバナシフミヅキタケ　左下＝東京都杉並区、5月、径10cm。

フミヅキタケ　上・右下＝いずれも東京都多摩市、7月。上は径5cm。右下は径4cm。

フミヅキタケ（文月茸）

オキナタケ科フミヅキタケ属
Agrocybe praecox (Pers.: Fr.) Fayod

◆子実体‥キシメジ型で中型。◆傘‥幼時丸山形から開いて平らとなり、縁に内被膜の残片が下がる。色は淡黄土色で、表面には皺がある。◆子実層托‥ヒダは幅せまく密で、柄に直生する。色は類白色から帯紫褐色となる。◆柄‥中心生で、下方に太まり、中空。上部に白い膜状のツバがあるが、胞子が堆積して暗褐色になる。色は白または淡黄土色で、表面には縦の条線がある。◆味・におい‥無味、無臭。◆胞子‥楕円形、中型で、表面は平滑。胞子紋は暗褐色。◆発生‥春から夏、特に4〜6月に、公園にまかれたチップや腐植の多い地に発生する。腐生菌

ツバナシフミヅキタケ（鍔無文月茸）

オキナタケ科フミヅキタケ属
A. farinacea Hongo

前種フミヅキタケに似るが、本種の方がやや大型でツバがない。両種とも食用にされる。

ツチナメコ　上＝埼玉県東松山市、7月、径4cm。左下＝東京都世田谷区、6月、径5cm。

ツチナメコ（土滑子）

オキナタケ科フミヅキタケ属
Agrocybe erebia (Fr.) Kühn. ex Sing.

◆子実体：キシメジ型で小型。

◆傘：幼時丸山形から開いて平らとなり、縁には内被膜の残片が下がり、湿っているとき条線が現れる。色は淡褐色または濃褐色で、表面には皺があり、湿っているとき粘性がある。肉は淡褐色で厚い。

◆子実層托：ヒダは幅広く密で、柄に直生または垂生する。色は類白色から褐色となる。

◆柄：中心生、上下同径で、中空。上部に白い膜状のツバがあるが、上面は胞子の堆積で褐色になる。色はツバより上が白、下方は褐色で、表面には縦の条線がある。肉は傘と同様。

◆味・におい：無味。無臭。

◆胞子：紡錘形、大型で、表面は平滑。胞子紋は暗褐色。

◆発生：草地や路傍など、腐植の多い地に発生する。腐生菌。

◆食毒等：やや土臭いが、炒め物などにする。

ヤナギマツタケ　いずれも東京都千代田区、6月。上=径15cm。左下=径12cm。右下=径10cm。

ヤナギマツタケ （柳松茸）

オキナタケ科フミヅキタケ属
A. cylindracea (DC.; Fr.) Maire

◆**子実体**：キシメジ型で、中型から大型。幼時丸山形から開いて平らとなる。色は黄褐色または灰褐色で、周辺は淡色。表面には皺と凸凹がある。肉は白く厚い。◆**子実層托**：ヒダは密で、柄に垂生する。色は淡褐色から暗褐色になる。◆**柄**：中心生、上下同径で、中実。上部に大型で、白い膜状のツバがあるが、上面は胞子が堆積して褐色になる。色は白または淡褐色で、表面には縦の条線がある。肉は白で、硬くしまる。◆**味・におい**：無味、無臭。◆**胞子**：楕円形、中型で、表面は平滑。胞子紋は暗褐色。

◆**発生**：春から秋に、スズカケノキ、モミジなど、各種広葉樹の生木や切り株に発生する。腐生菌。

◆**食毒等**：歯切れ、味ともによいきのこで、最近は栽培品が市販されている。

97

タマムクエタケ　上＝東京都中央区、9月、径3cm。右下＝東京都港区、9月、径2cm。

タマムクエタケ（玉䅣柄茸）

オキナタケ科フミヅキタケ属
Agrocybe arvalis (Fr.) Sing.

◆**子実体**‥クヌギタケ型またはモリノカレバタケ型で、小型。
◆**傘**‥幼時円錐形または丸山形から、開いて低い円錐形または中高平らとなる。色は黄褐色または明褐色で、表面には凸凹がある。肉は白く薄い。
◆**子実層托**‥ヒダは密で、柄に直生する。色は淡褐色から暗褐色になる。
◆**柄**‥中心生で細長く、下方に太まり、中空。基部は地中の黒褐色の菌核につらなる。色は白または淡褐色で、基部には白い剛毛がある。肉は傘と同様。
◆**味・におい**‥苦みがある。無臭。
◆**胞子**‥楕円形、中型で、表面は平滑。胞子紋は褐色。
◆**発生**‥夏から秋に、公園にまかれたチップなど、腐植の多い地に発生する。腐生菌。
◆**食毒等**‥食毒不明。
☆和名のタマムクエタケの「䅣柄」は、䅣毛（むくげ）（ふさふさした毛のこと）のある柄の意味と考えられる。

ハタケコガサタケ　左＝東京都杉並区、6月、径2cm。

キコガサタケ　右上＝東京都新宿区、7月、径2.5cm。右下＝東京都杉並区、6月、径2cm。

キコガサタケ（黄小傘茸）

オキナタケ科コガサタケ属
Conocybe lactea (Lange) Métrod

◆子実体‥クヌギタケ型で小型。

◆傘‥幼時釣鐘形から開いて低い円錐形となり、さらに縁が反り返り、条線がある。色は淡黄色で、表面は平滑。肉は淡黄色で薄い。

◆子実層托‥ヒダは幅せまく密で、柄に直生する。色は淡黄色から褐色になる。

◆柄‥中心生で細長く、中空。色は傘より淡色で、表面は白粉状。肉は傘と同様。

◆味・におい‥無味。無臭。

◆胞子‥楕円形、大型で、表面は平滑。胞子紋は褐色。

◆発生‥夏から秋に、芝生などの草地に発生する。腐生菌。

ハタケコガサタケ（畑小傘茸）

オキナタケ科コガサタケ属
C. fragilis (Peck) Sing.

前種キコガサタケに形が似るが、本種は全体がワイン赤色である。両種とも食毒不明。

99

キサケツバタケ　左下＝東京都多摩市、6月、径6cm。

サケツバタケ　上・右下＝いずれも東京都多摩市、6月、径10cm。

サケツバタケ（裂鍔茸）

モエギタケ科モエギタケ属
Stropharia rugosoannulata Farlow in Murrill

◆子実体：キシメジ型で、中型から大型。　◆傘：幼時半球形から開いて平らとなり、縁がヒダより外に出る。色は赤褐色または紫褐色で、表面は湿っているとき粘性がある。肉は白で、硬くしまる。　◆子実層托：ヒダは幅やや広く密で、柄に上生する。色は白から灰紫褐色になる。　◆柄：中心生、上下同径で、中実。中位に星形に裂ける白い膜状のツバがある。色は白または淡黄色で、表面には縦の条線がある。　◆味・におい：無味、無臭。　◆胞子：楕円形、大型で、表面は平滑。胞子紋は紫褐色。

キサケツバタケ（黄裂鍔茸）

モエギタケ科モエギタケ属
S. rugosoannulata f. *lutea* Hongo

前種サケツバタケに形が似るが、本種は傘の色

◆発生：梅雨時から秋に、公園にまかれたチップなど、腐植の多い地に発生する。腐生菌。

クリタケ　下＝東京都檜原村、11月、径5cm。左上＝東京都八王子市、11月、径4cm。

クリタケ（栗茸）

モエギタケ科クリタケ属
Hypholoma sublateritium (Fr.) Quél.

が黄色。両種とも美味なきのこ。

◆ 子実体∷キシメジ型またはクヌギタケ型で、小型。

◆ 傘∷幼時丸山形から、開いて円錐形または平らとなる。色は栗褐色または明褐色で、周辺または全面に白い繊維状の被膜をつける。肉は黄白色、軟質で厚い。 ◆ 子実層托∷ヒダは密で、柄にやや垂生する。色は黄白色から暗紫褐色になる。

◆ 柄∷中心生、上下同径で、中実。色は上方が白く、下方は傘と同様。表面には繊維状の鱗片がある。肉は傘と同様。 ◆ 味・におい∷無味、無臭。

◆ 胞子∷楕円形、やや小型で、表面は平滑。胞子紋は暗紫褐色。

◆ 発生∷晩秋に、広葉樹、針葉樹の枯れ木、倒木、切り株などに発生する。腐生菌。

◆ 食毒等∷広く食用にされている。

ニガクリタケ　いずれも東京都渋谷区。下＝9月、径2cm。左上＝10月、径3cm。

ニガクリタケ（苦栗茸）

モエギタケ科クリタケ属
Hypholoma fasciculare (Hudson: Fr.) Kummer

◆**子実体**：キシメジ型またはクヌギタケ型で、小型。

◆**傘**：幼時丸山形から、開いて円錐形または平らとなり、縁に内被膜の残片をつける。色は淡黄色、鮮黄色、黄褐色などで、表面は平滑。肉は淡黄色、軟質で薄い。◆**子実層托**：ヒダは密で、柄に直生する。色は淡黄色から暗紫褐色になる。

◆**柄**：中心生、上下同径で、中空。上部にクモの巣状のツバがあるが、消失しやすい。色、表面は傘と同様。肉も傘と同様。◆**胞子**：楕円形、やや小型で、表面は平滑。胞子紋は暗紫褐色。

◆**発生**：通年で、各種の倒木や切り株、古い杭などにも発生する。腐生菌。

◆**食毒等**：死亡例もある猛毒菌。

☆苦みの弱いものもあり、また加熱で苦みが消えるので注意が必要。

スギタケ　下＝東京都杉並区、6月、径4.5cm。右上＝東京都八王子市、10月、径3.5cm。

スギタケ（杉茸）

モエギタケ科スギタケ属
Pholiota squarrosa (Müller: Fr.) Kummer

◆**子実体**：キシメジ型で小型。◆**傘**：幼時丸山形から開いて平らとなる。色は淡黄色で、表面は褐色の圧着したささくれ状鱗片でおおわれる。肉は淡黄色、軟質で厚い。◆**子実層托**：ヒダはやや密で、柄に直生する。色は淡黄色から褐色になる。◆**柄**：中心生で、下方に太まり、中実。上部に褐色、繊維状のツバがある。色はツバより上が淡色、下方は黄色で、表面は傘と同様の鱗片でおおわれる。肉は傘と同様。◆**味・におい**：無味。無臭。◆**胞子**：楕円形、やや小型で、表面は平滑。胞子紋は褐色。◆**発生**：夏から秋に、草地や林内地上、または針葉樹、広葉樹を問わず、枯れ木や切り株上に発生する。腐生菌。◆**食毒等**：食用にされるが、人により、消化器系の中毒を起こすことがある。
☆平地では、地上生が多い。

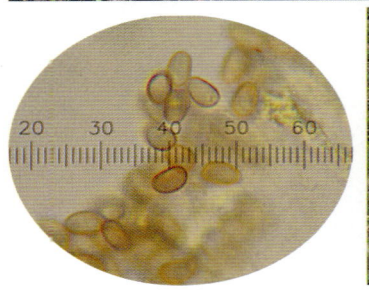

ツチヌギタケ　いずれも東京都八王子市。上＝5月、径2cm。左下＝表面が平滑な胞子。染色、最小目盛1μm。右下＝6月、径3cm。

ツチスギタケ（土杉茸）

モエギタケ科スギタケ属
Pholiota terrestris Overholts

- ◆子実体：キシメジ型またはクヌギタケ型で、小型。
- ◆傘：幼時丸山形から、開いて円錐形または平らとなる。色は灰褐色または黄褐色で、表面は暗褐色の繊維状鱗片でおおわれる。肉は類白色で薄い。
- ◆子実層托：ヒダは密で、柄に直生する。色は白から褐色になる。
- ◆柄：中心生、上下同径で、中空。上部に白い綿毛状のツバがあるが、早期に消失する。色は淡褐色で、下方は濃色。表面は傘と同様。肉は類白色で、軟質。
- ◆味・におい：無味、無臭。
- ◆胞子：楕円形、やや小型で、表面は平滑。胞子紋は褐色。
- ◆発生：夏から秋に、林内、草地などの腐植の多い地に発生する。腐生菌。
- ◆食毒等：消化器系の中毒を起こす。
- ☆かつて、地上生のスギタケと本種を混同することがあった。

キノコを描いて楽しむ

岡田　宗男

ベニチャワンタケ

画材はいろいろあるが、私がキノコを描くときは、キノコの色の微妙な変化や質感を表現しやすい透明水彩絵具を使う。水彩用丸筆、水彩紙、鉛筆、耐水性アートペンなども用意する。まず描く対象のキノコの特徴がもっともよく現れるように、構図を考えセットする。最初に鉛筆で下書きをするが、このときは大まかに傘、柄、ヒダなどを描き、次にアートペンで鉛筆の線をもとに細部を描く。キノコを正確に表現し、色や形をわかりやすくするため、基本的には背景や画面上の影は描かない。消しゴムで鉛筆の線を消せば線画が完成する。色付けは、そのキノコのなかで、もっとも薄い色から始める。何回か重ね塗りをして色の厚みを出していく。この重ね塗りで、立体感や色の微妙な変化がでてくればキノコ画は完成となる。

絵ができあがるまでキノコを見つめ、描き続けていると、そのキノコは次第に自分のものになってくる。名前も特徴も、後で忘れることなどなく、描くたびに私のキノコ図鑑のキノコの数が増えていく。キノコを描くことは、楽しいとともに、私のキノコの世界を広げてくれる。

ところで、キノコ画はどんなジャンルの絵なのだろうか。キノコ画は科学的かつ芸術的に描かれる植物画（ボタニカルアート）の中に見ることができる。キノコと植物の絵に基本的な表現法の違いはないが、植物とは異なる生き物のキノコを表現する「キノコ画」には、植物画とは別のジャンルを考えてもよいのではないかと思っている。

キノコを描いてキノコの楽しみを一つ増やし、キノコの世界を広げてみてはいかがだろう。

タマノリイグチ

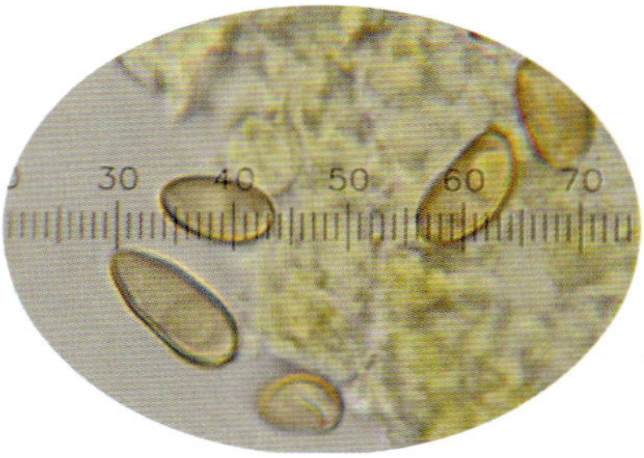

カブラアセタケ　左上＝埼玉県東松山市、7月、径3cm。左下＝表面が瘤状の胞子と厚壁のシスチジア。染色、最小目盛1μm。

オオキヌハダトマヤタケ　右上＝東京都八王子市、9月、径4cm。右下＝表面が平滑の胞子。染色、最小目盛1μm。

オオキヌハダトマヤタケ（大絹肌苫屋茸）

フウセンタケ科アセタケ属
Inocybe fastigiata (Schaeff.) Quél.

◆子実体‥クヌギタケ型で小型。 ◆傘‥幼時円錐形から開いて中高平らとなる。黄褐色の表皮が放射状に裂け繊維紋になる。 ◆子実層托‥ヒダは幅せまく密で、柄に離生する。色は淡黄色から褐色になる。 ◆柄‥中心生で細長く、上下同径で細長く、中実。色は淡黄色。 ◆味・におい‥無味。弱い塩素臭がある。 ◆胞子‥楕円形、中型で、表面は平滑。胞子紋は黄褐色。 ◆発生‥夏から秋に、雑木林の地上に発生する。外生菌根菌。

カブラアセタケ（蕪汗茸）

フウセンタケ科アセタケ属
I. asterospora Quél.

前種オオキヌハダトマヤタケに似るが、本種の柄は基部がかぶら状に膨らむ。アセタケ属の胞子には、表面が平滑のものと、瘤状または針状の突起でおおわれるものがあるが、本種は瘤状。両種

とも自律神経系の中毒を起こす。

コバヤシアセタケ（小林汗茸）
フウセンタケ科アセタケ属
I. kobayasii Hongo

◆子実体：クヌギタケ型で小型。◆傘：幼時円錐形から開いて中高平らとなる。色は黄白色または淡褐色で、表面はささくれ状鱗片でおおわれる。肉は白で、硬くしまる。◆子実層托：ヒダは幅せまく密で、柄に離生する。色は灰白色から褐色となる。◆柄：中心生、上下同径で、中実。上部にクモの巣状のツバがあるが、わかりにくい。色、表面ともに傘と同様。肉も傘と同様。◆味・におい：無味、塩素臭がある。◆胞子：楕円形、中型で、表面は平滑。胞子紋は褐色。◆発生：夏から秋に、マツ、コナラ、クヌギなどの樹下に発生する。外生菌根菌。◆食毒等：食毒不明。
☆アセタケ属には、シスチジアの細胞壁が厚いものと薄いものがあり、本種は厚壁。

コバヤシアセタケ　下＝千葉県風土記の丘、6月、径3cm。右上＝厚壁のシスチジア。染色、最小目盛2.5μm

シロニセトマヤタケ　下＝東京都世田谷区、10月、径3.5cm。左上＝柄の基部がかぶら状に膨らむ。

シロニセトマヤタケ（白偽苦屋茸）

フウセンタケ科アセタケ属
Inocybe umbratica Quel.

◆子実体‥クヌギタケ型で小型。

◆傘‥幼時円錐形から開いて中高平らとなる。色は白く、絹糸状光沢があり、表面は平滑。肉は白く薄い。

◆子実層托‥ヒダは幅せまく密で、柄に離生する。色は灰白色から褐色となる。

◆柄‥中心生で細長く、上下同径で、基部はかぶら状に膨らみ、中実。上部にはクモの巣状のツバがあるが、わかりにくい。色は白く、表面は平滑。肉は白く硬い。

◆味・におい‥無味。弱い塩素臭がある。

◆胞子‥中型で、大きな尖った瘤状突起により星形に見える。胞子紋は褐色。

◆発生‥夏から秋に、マツ、コナラなどの樹下に発生する。外生菌根菌。

◆食毒等‥呼吸困難など、自律神経系の中毒を起こす。

ヒメワカフサタケ　下＝東京都多摩市、10月、径4cm。右上＝東京都葛飾区、7月、径5cm。

ヒメワカフサタケ（姫若房茸）

フウセンタケ科ワカフサタケ属
Hebeloma sacchariolens Quél.

◆**子実体**：キシメジ型で小型。◆**傘**：幼時丸山形から開いて平らとなり、縁は波うつ。色は肌色から中央が褐色となり、表面は湿っているとき粘性がある。肉は白く軟質。◆**子実層托**：ヒダは密で、柄に上生する。色は淡肌色から褐色となる。◆**柄**：中心生、上下同径で、髄状または中空。色は上方が肌色で、下方は濃色となり、表面は繊維状。肉は傘と同様。潰した胡瓜(キュウリ)のにおいがある。◆**胞子**：紡錘形、大型で、表面は小疣(いぼ)でおおわれる。胞子紋は褐色。◆**味・におい**：無味。潰した胡瓜(キュウリ)のにおいがある。◆**発生**：秋に、マツの樹下や雑木林の地上に発生する。アンモニア菌。◆**食毒等**：消化器系の中毒を起こす。
☆動物の排尿跡など、アンモニアの含まれる地を好んですむキノコをアンモニア菌という。

カワムラフウセンタケ　上・右下＝いずれも東京都多摩市、10月、径7cm。左下＝表面が疣でおおわれた胞子。無染色、最小目盛1μm。

カワムラフウセンタケ（川村風船茸）

フウセンタケ科フウセンタケ属
Cortinarius purpurascens (Fr.) Fr.

◆子実体‥キシメジ型で中型。 ◆傘‥幼時半球形から開いて丸山形、さらに平らとなる。色は帯紫明褐色で、表面には濃褐色の繊維が付着し、湿っているとき粘性がある。肉は淡紫色だが、傷つくと濃色となり、緻密で厚い。 ◆子実層托‥ヒダは幅せまく密で、柄に直生する。色は紫色から褐色になる。 ◆柄‥中心生、上下同径で、基部は球根状に膨らみ、中実。上部にクモの巣状のツバがある。色は紫色から褐色となるが、上部には紫色が残る。肉は傘と同様。 ◆味・におい‥無味。無臭。 ◆胞子‥楕円形、中型で、表面は小疣でおおわれる。胞子紋は褐色。 ◆発生‥マツ、シラカシ、コナラなどの樹下に発生する。外生菌根菌。 ◆食毒等‥ほどよい滑りがあり、煮物、汁物などにする。

ウメウスフジフウセンタケ　いずれも東京都八王子市、5月。上=径4cm。左下=径3cm。右下=径4cm。

ウメウスフジフウセンタケ（梅薄藤風船茸）

フウセンタケ科フウセンタケ属
C. prunicola Miyauchi & His. Kobayashi

◆子実体‥キシメジ型で小型。 ◆傘‥幼時釣鐘形から開いて中高平らとなる。色は淡藤色から、しだいに黄褐色を帯びるが、周辺には藤色が残る。表面は繊維状。肉は傘と同色、軟質で薄い。 ◆子実層托‥ヒダは幅せまく密で、柄に直生する。色は淡藤色から褐色になる。 ◆柄‥中心生、上下同径で、基部は棍棒状に膨らみ、中実。上部にクモの巣状のツバがある。色、表面とも傘と同様。肉も傘と同様。 ◆味・におい‥無味。青臭い不快臭がある。 ◆胞子‥広楕円形、中型で、表面は小疣(いぼ)におおわれる。胞子紋は褐色。 ◆発生‥4月から5月に、梅林の地上に群生する。 ◆食毒等‥食毒不明。 ☆梅林にハルシメジと同時期、またはやや遅れて発生する。

ミドリスギタケ　左上＝東京都中央区、5月、径7cm。右上＝東京都葛飾区、9月、径6cm。下＝東京都中央区、6月、径5cm。

ミドリスギタケ（緑杉茸）

フウセンタケ科チャツムタケ属
Gymnopilus aeruginosus (Peck) Sing.

◆**子実体**：キシメジ型で中型。◆**傘**：幼時丸山形から開いて平らとなるが、縁は永く内巻き。色は明褐色、赤紫色などで、緑色のしみが現れる。表面はささくれ状の鱗片で放射状におおわれる。肉は黄色、軟質で厚い。◆**子実層托**：ヒダは幅広く密で、柄に直生する。色は鮮黄色から橙褐色になる。◆**柄**：中心生、上下同径で、中実。上部に黄色い膜状のツバがあるが、堆積した胞子で上面は橙褐色になる。色、表面とも傘と同様。肉も傘と同様。◆**味・におい**：苦みがある。無臭。◆**胞子**：楕円形、やや小型で、表面は細かい疣でおおわれる。胞子紋は橙褐色。◆**発生**：夏から秋にマツ、スギなどの針葉樹の倒木、切り株などに束生する。腐生菌。◆**食毒等**：幻覚など神経系の中毒を起こす。

オオワライタケ　下＝東京都渋谷区、9月、径3cm。右上＝東京都町田市、10月、径8cm。

オオワライタケ（大笑茸）

フウセンタケ科チャツムタケ属
G. spectabilis (Fr.) Sing.

◆子実体‥キシメジ型で、中型から大型。◆傘‥幼時半球形から開いて低い丸山形となるが、縁は永く内巻き。色は鮮黄色で、表面はささくれまたはかさぶた状の鱗片でおおわれる。肉は淡黄色で、硬くしまり、傷つけると褐変する。◆子実層托‥ヒダは幅せまく密で、柄に直生する。色は鮮黄色から褐色になる。◆柄‥中心生、上下同径で、基部は棍棒形に膨らみ、中実。上部に黄色い膜状のツバがあるが、堆積した胞子で上面は褐色になる。色、表面とも傘と同様。肉も傘と同様。◆味・におい‥苦みがある。無臭。◆胞子‥紡錘形、中型で、表面は細かい疣(いぼ)でおおわれる。胞子紋は褐色。

◆発生‥夏から秋に、コナラ、スダジイなどの広葉樹の生木、切り株などから束生する。腐生菌。

◆食毒等‥幻覚など神経系の中毒を起こす。

クリゲノチャヒラタケ　下＝埼玉県川越市、7月、径5cm。右上＝傘表面の褐色部分は胞子紋。埼玉県さいたま市、10月、径4.5cm。

クリゲノチャヒラタケ（栗毛茶平茸）

チャヒラタケ科チャヒラタケ属
Crepidotus badiofloccosus Imai

◆**子実体**：ヒラタケ型で小型。無柄。◆**傘**：半円形、貝殻形、円形などで、縁は永く内巻き。色は類白色で、表面は褐色の軟毛でおおわれるが、しだいに消失し、基部には白い軟毛が密生する。肉は白く、弾力がある。◆**子実層托**：ヒダは幅せまく密。色は灰白色から褐色になる。味・においは細かい刺(とげ)でおおわれる。◆**胞子**：類球形、小型で、表面は細かい刺でおおわれる。胞子紋は褐色。◆**発生**：初夏から秋に、コナラなどの広葉樹の倒木、切り株などに発生する。腐生菌。

◆**食毒等**：食毒不明。

☆きのこの形から、ヒラタケなどと間違われることもあるが、成熟時のヒダまたは胞子紋の色で区別できる。

アカイボカサタケ　左＝神奈川県相模原市、10月、径2cm。

キイボカサタケ　右＝神奈川県相模原市、10月、径2.5cm。

キイボカサタケ（黄疣傘茸）

イッポンシメジ科イッポンシメジ属

Entoloma murraii (Berk. & Curt.) Sacc.

◆**子実体**：クヌギタケ型で小型。◆**傘**：幼時円錐形から開いても低い円錐形で、先端に乳頭状の小突起があり、湿っているとき長い条線が見られる。色は淡黄色または鮮黄色で、絹糸状光沢がある。表面は平滑。肉は淡黄色で、脆く薄い。◆**子実層托**：ヒダは幅せまく疎で、柄に上生する。色は黄色から肌色となる。◆**柄**：中心生で細長く、中空。色は黄色で、表面には縦の条線があり、ねじれることがある。肉は傘と同様。◆**味・におい**：無味。無臭。◆**胞子**：立方体で、中型。胞子紋は肌色。◆**発生**：夏から秋に、腐植の多い地に散生する。腐生菌。

アカイボカサタケ（赤疣傘茸）

イッポンシメジ科イッポンシメジ属

E. quadratum (Berk. & Curt.) Horak

前種キイボカサタケに似るが、本種の傘は橙赤色。両種とも消化器系の中毒を起こす。

イッポンシメジ　下＝東京都多摩市、10月、径8cm。

クサウラベニタケ　左上＝東京都多摩市、9月、径6cm。右上＝東京都八王子市、9月、径10cm。

クサウラベニタケ（臭裏紅茸）

イッポンシメジ科イッポンシメジ属
Entoloma rhodopolium (Fr.) Kummer

◆ **子実体**：キシメジ型で中型。 ◆ **傘**：幼時円錐形から開いて中高平らとなり、縁は波うつ。色は灰褐色または黄褐色で、赤みを帯び、絹糸状光沢がある。肉は白く軟質。 ◆ **子実層托**：ヒダは幅広く、やや密で、柄に上生する。色は白から肌色になる。 ◆ **柄**：中心生で、下方に太まり、髄状または中空。色は白く、表面には縦の条線がある。肉は傘と同様。 ◆ **味・におい**：無味。小麦粉臭がある。 ◆ **胞子**：多角形で、中型。胞子紋は肌色。 ◆ **発生**：秋に、マツ林や雑木林の地上に発生する。外生菌根菌。

イッポンシメジ（一本占地）

イッポンシメジ科イッポンシメジ属
E. sinuatum (Bull. ex Pers.: Fr.) Kummer

肉質が軟らかく無味な点では前種クサウラベニタケに似るが、形はむしろ欠種ウラベニホテイシメジに似る。前種とも消化器系の中毒を起こす。

116

ウラベニホテイシメジ　左上＝東京都町田市、10月、径15cm。下・右上＝いずれも神奈川県相模原市。下は10月、径12cm。右上は9月、径10cm。

ウラベニホテイシメジ（裏紅布袋占地）

イッポンシメジ科イッポンシメジ属
E. sarcopum Nagasawa & Hongo

◆**子実体**：キシメジ型で、中型から大型。◆**傘**：幼時円錐形から開いて中高平らとなるが、縁は永く内巻き。色は灰褐色または黄褐色で、絹糸状光沢があり、表面には繊維紋と、指の跡のようなくぼみがある。肉は白で、硬くしまる。◆**子実層托**：ヒダは幅広く、やや疎で、縁が鋸歯状。色は白から肌色となり、柄に湾生する。◆**柄**：中心生で、下方に太まり、中実。色は白く、表面には縦の条線がある。肉は傘と同様。◆**味・におい**：苦みがある。小麦粉臭がある。◆**胞子**：多角形で、中型。胞子紋は肌色。

◆**発生**：秋に、マツの混ざる雑木林の地上に発生する。外生菌根菌。

◆**食毒等**：酢の物などで独特の苦みを味わう。☆埼玉県では「いっぽん」と呼ばれて珍重される。本種に似たイッポンシメジ属の有毒きのこが複数あるので注意が必要。

ハルシメジ　東京都八王子市、5月。径8cm。

ハルシメジ（春占地）

別名　シメジモドキ〔占地擬〕
イッポンシメジ科イッポンシメジ属
Entoloma clypeatum (L.: Fr.) Kummer

◆子実体：キシメジ型で中型。◆傘：幼時円錐形から開いて中高平らとなる。色は灰褐色または黄褐色で、表面には放射状の繊維紋がある。肉は白で、硬くしまる。◆子実層托：ヒダは幅広く、やや疎で、柄に離生する。色は白から肌色となる。◆柄：中心生で、上下同径または基部のみが膨らみ、中実。色は傘と同様で、表面には縦の条線がある。◆味・におい：無味。小麦粉臭がある。◆胞子：多角形で、中型。胞子紋は肌色。◆発生：4月下旬から5月初旬に、梅林の地上に群生する。腐生的菌根菌。◆食毒等：歯ざわり、味ともによく、煮物、汁物、揚げ物、マリネなど、多様な料理に使える。☆植物の根の組織を一部破壊する特異な菌根菌で、梅林以外にも、ナシ園、リンゴ園にも発生するという。

ケヤキハルシメジ 左上＝東京都八王子市、5月、径3cm。左下＝東京都千代田区、5月、径4cm。

ハルシメジ 右上・右下＝いずれも東京都八王子市、5月。右上は径8cm。右下は径5cm。

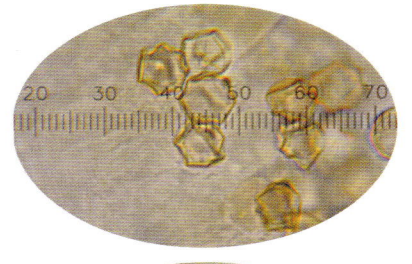

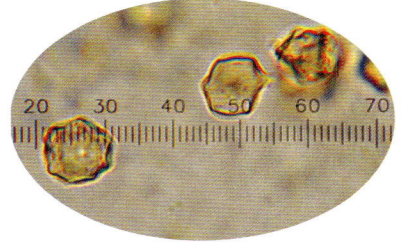

胞子の形 上＝ハルシメジ、染色、最小目盛1μm。
下＝ケヤキハルシメジ、染色、最小目盛1μm。

ケヤキハルシメジ（欅春占地）仮称

イッポンシメジ科イッポンシメジ属

Entoloma sp.

5月中旬に、前種ハルシメジよりやや遅れて、ケヤキの樹下に群生する。形は前種に似るが、本種は、前種より小型で、色が濃い。胞子の色と形は前種と同様だが、本種は若干大きい。食用になるが、前種に比べて肉が軟らかく、味も劣る。

イチョウタケ 左下＝東京都八王子市、9月、径5cm。

サケバタケ 上・右下＝いずれも埼玉県川越市、6月、径8cm。

サケバタケ（裂褶茸）

ヒダハタケ科ヒダハタケ属
Paxillus curtisii Berk. in Berk. & Curt.

◆**子実体**：ヒラタケ型で小型。無柄。

◆**傘**：半円形または円形で、縁は永く内巻き。色は淡黄褐色で、表面は平滑またはフェルト状。肉は淡黄色から褐色となり、強靭な革質。

◆**子実層托**：ヒダは黄褐色または橙褐色で、傘より濃色。色は黄褐色または橙褐色で、傘より濃色。側面には皺があり、傘から離れやすい。

◆**味・におい**：苦みがある。強いアニス臭がある。

◆**胞子**：楕円形、小型で、表面は平滑。胞子紋は黄褐色。

◆**発生**：夏から秋に、マツなどの針葉樹の枯れ木、倒木、切り株などに発生する。腐生菌。

イチョウタケ（銀杏茸）

ヒダハタケ科ヒダハタケ属
P. panuoides (Fr.: Fr.) Fr.

前種サケバタケ同様、ヒダが縮れ、分岐するが、前種より疎で、全体が前種より淡色。両種とも食不適。

クリイロイグチの 下＝東京都多摩市、9月、径3cm。右上＝埼玉県東松山市、9月、径5cm。

クリイロイグチ（栗色猪口）

イグチ科クリイロイグチ属
Gyroporus castaneus (Bull.:Fr.) Quél.

◆**子実体**：イグチ型で、小型から中型。幼時丸山形から開いて平らとなり、縁が反り返って波うつ。色は栗褐色。表面は多少ざらつきフェルト状で、凸凹がある。肉は白で、表面が硬く中は軟質。◆**子実層托**：管孔はやや長く、柄に離生する。孔口は密で、色は白から黄色になる。◆**柄**：中心生で、下方に太まり、髄状または中空。表面とも傘と同様。肉も傘と同様。◆**味・におい**：無味。無臭。◆**胞子**：左右非対称の楕円形、中型で、表面は平滑。胞子紋は黄色。◆**発生**：夏から秋に、マツ、コナラ、シラカシなどの樹下に発生する。外生菌根菌。◆**食毒等**：食用とされているが、食感がよくないためか、あまり利用されない。
☆イグチ科のキノコの多くが、植物と共生する外生菌根菌である。

柳の下の二匹目のヌメリイグチ

堀田　依利

　五年前の秋、静岡・函南原生林での観察会のことであった。観察を終え、バスへ戻る途中で数本のイグチを見つけた。近くには一本の柳のほか樹木はなかった。傘が褐色で滑りがあり、ツバより上に粒点があったのでヌメリイグチと同定した。

　夕食後のキノコ勉強会では、観察されたキノコについて各担当が参加者に説明することになっている。ヌメリイグチ属は私の担当だが、説明するのはその日がはじめてであった。手持ちのキノコ図鑑で確認しているとが困ったことが起きた。その図鑑ではヌメリイグチは「マツ林内に群生」と記載されている。他の図鑑でも確かめてみたが同様だった。参加者の方々も発生場所を見ているので、この点について質問があったらどうしよう。そのときの私はそればかりを心配していた。が、幸い？そのことについての質問はなかった。

　帰宅後文献をあたってみたが、そのいずれもが「マツ属またはトウヒ属と外生菌根をつくる」となっていた。そのうちに、『日本新菌類図鑑』（保育社）のヌメリイグチ属の解説ページに「まれにヤナギ科の樹木と外生菌根をつくり……」という記載を見つけた。さらに、他の文献にも同様の記載のあることがわかった。そこで、ヤナギ科の樹下に出るヌメリイグチ属のキノコを探してみたが、いずれの文献にもそれは見出せなかった。そこで、この記載をヌメリイグチ属共通の特徴ととらえ、柳の下に出ていたことにひとまずは納得した。

　まれにしろ、柳の下に出ることがヌメリイグチの特徴とするには更なる事実がほしい。以来、柳の下の二匹目のヌメリイグチを探す日々となった。

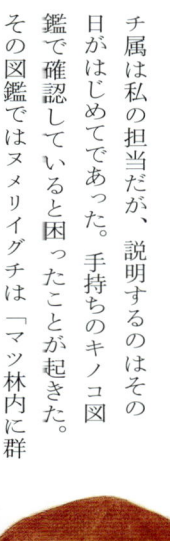

ヌメリイグチ　下＝埼玉県東松山市、9月、径7cm。右上＝埼玉県小川町、10月、径5cm。

ヌメリイグチ（滑猪口）

イグチ科ヌメリイグチ属
Suillus luteus (L.: Fr.) Gray

◆子実体‥イグチ型で中型。 ◆傘‥幼時半球形から開いて丸山形、さらに平らとなる。色は栗褐色または赤褐色で、表面は湿っているとき強い粘性がある。肉は淡黄色で軟質。 ◆子実層托‥管孔は短く、柄に上生する。孔口は密で、色は黄色から褐色になる。 ◆柄‥中心生、上下同径で、中実。上部に帯紫褐色のゼラチン化した膜状のツバがある。色は淡黄色で、表面は褐色の細粒点でおおわれる。肉は淡黄色で、やや硬い。 ◆胞子‥長楕円形、中型で、表面は平滑。胞子紋は褐色。 ◆味・におい‥無味、無臭。 ◆発生‥夏から秋に、マツの樹下に散生する。外生菌根菌。 ◆食毒等‥滑りと味のよさから、酢の物や汁物に合うが、パスタソースなど、洋風の料理にも用いられる。

ゴヨウイグチ　左上・左下＝いずれも東京都新宿区、10月、径4.5cm。

チチアワタケ　右上＝横浜市金沢区、10月、径6cm。右下＝東京都多摩市、10月、径7cm。

チチアワタケ（乳粟茸）

イグチ科ヌメリイグチ属
Suillus granulatus (L.:Fr.) Kuntze

◆**子実体**：イグチ型で中型。◆**傘**：幼時半球形から開いて平らとなる。色は栗褐色で、表面は湿っているとき強い粘性がある。◆**子実層托**：管孔は短く、柄に上生する。孔口は密で、色は鮮黄色から黄褐色になる。幼時白い乳液を分泌する。◆**柄**：中心生、上下同径で、中実。色は淡黄色で、表面は褐色の細粒点でおおわれる。◆**味・におい**：無味。無臭。◆**胞子**：長楕円形、中型で、表面は平滑。胞子紋は黄褐色。◆**発生**：夏から秋に、マツの樹下に発生する。外生菌根菌。◆**食毒等**：消化器系の中毒を起こすことがある。

ゴヨウイグチ（五葉猪口）

イグチ科ヌメリイグチ属
S. placidus (Bonorden) Sing.

前種チチアワタケに形が似るが、本種は乳液を出さず、傘の色は淡黄色と淡紫褐色の斑で、前種

タマノリイグチ　東京都八王子市、7月、径7cm。

タマノリイグチ（玉乗猪口）

イグチ科アワタケ属
Xerocomus rastraeiola Imazeki

が二針葉のマツの樹下であるのに対し、五針葉のマツの樹下に発生する。食用になる。

◆**子実体**‥イグチ型で小型。◆**傘**‥幼時半球形から開いて丸山形、さらに平らとなる。色は黄褐色または灰褐色。表面は細毛でおおわれ、多少ざらつきフェルト状で、湿っているとき弱い粘性がある。肉は淡黄色で、傷つくと赤変し、次いで青変する。◆**子実層托**‥管孔は短く、柄に直生または湾生する。孔口は不定形、やや疎で、色は黄色から褐色になり、変色は傘と同様。◆**柄**‥中心生で、下方に太まり、中実。基部は地中のツチグリにつらなる。色は上部淡黄色で、下方は傘と同様。表面には灰色の繊維状鱗片がある。肉は傘と同様。◆**味・におい**‥無味。無臭。◆**胞子**‥紡錘形、中型で、表面は平滑。胞子紋はオリーブ褐色。◆**発生**‥初夏から秋に、切通しなど、崖地の地中のツチグリから発生する。菌生菌。

イロガワリキヒダタケ　左下＝埼玉県東松山市、8月、径4cm。

キヒダタケ　左上・右＝いずれも埼玉県川越市、9月。左上は径4cm。右は径3.5cm。

キヒダタケ（黄褶茸）

イグチ科キヒダタケ属
Phyllloporus bellus (Massee) Corner

◆ 子実体：カヤタケ型で小型。

◆ 傘：幼時丸山形から開いて平らとなり、さらに中央がややくぼむ。色は黄褐色、灰褐色、暗褐色などで、表面はビロード状。肉は淡黄色で軟質。

◆ 子実層托：ヒダは幅広く疎で、柄に長く垂生する。色は鮮黄色からオリーブ褐色となる。

◆ 柄：中心生、上下同径で、中実。色、表面とも傘と同様。肉はやや硬い。

◆ 胞子：長紡錘形、中型で、表面は平滑。胞子紋はオリーブ褐色。

◆ 味・におい：無味、無臭。

◆ 発生：夏から秋に、マツ林や雑木林の地上に発生する。外生菌根菌。

イロガワリキヒダタケ（色変黄褶茸）

イグチ科キヒダタケ属
P. bellus var. *cyanescens* Corner

前種キヒダタケに似るが、本種には青変性がある。両種ともヒダを有しイグチ科では特異な存在。ともに消化器系の中毒を起こす。

ヤマドリタケモドキ　左上・左下・右上＝いずれも東京都八王子市、9月、径12cm。左下＝幼菌（右側）の孔口は白い菌糸でおおわれている。右下＝長紡錘形の胞子と担子器。染色、最小目盛2.5μm。

ヤマドリタケモドキ（山鳥茸擬）

イグチ科イグチ属
Boletus reticulatus Schaeff.

◆**子実体**‥イグチ型で、中型から大型。 ◆**傘**‥幼時半球形から開いて丸山形、さらに平らとなる。色は黄褐色またはオリーブ褐色で、表面は湿っているとき弱い粘性がある。肉は白く緻密。 ◆**子実層托**‥管孔は短く、柄に上生する。孔口は密で、幼時白い菌糸でおおわれ、後淡黄色の孔口が現れ、やがてオリーブ褐色となる。 ◆**柄**‥中心生で、中実。色は淡褐色で、白い網目が全面にある。下方に太まり、基部は棍棒状に膨らみ、大型で、表面は平滑。 ◆**胞子**‥長紡錘形、胞子紋はオリーブ褐色。 ◆**味・におい**‥無味、無臭。 ◆**発生**‥夏から秋に、シラカシ、コナラ、シデなどの広葉樹下に発生する。外生菌根菌。 ◆**食毒等**‥ポルチーニ（ヤマドリタケ）と同様、美味なきのこ、リゾットや、パスタなど、洋風料理で味わいたい。

ムラサキヤマドリタケ 上＝傘が黄褐色と紫色の斑。埼玉県東松山市、7月、径10cm。左下＝東京都新宿区、7月、径15cm。右下＝傘が美しい紫色。東京都八王子市、7月、径8cm。

ムラサキヤマドリタケ（紫山鳥茸）

Boletus violaceofuscus Chiu

イグチ科イグチ属

◆子実体‥イグチ型で、中型から大型。

◆傘‥幼時丸山形から開いて平らとなる。色は暗紫色または黄褐色の斑紋が混ざる。表面には凸凹があり、湿っているとき粘性がある。肉は白く緻密。

◆子実層托‥管孔は短く、柄に上生する。孔口は密で、幼時白い菌糸でおおわれ、後に黄色の孔口が現れ、やがて褐色となる。

◆柄‥中心生で、下方に太まり、基部は棍棒状に膨らみ、中実。色は暗紫色で、白い網目が全面にある。肉は傘と同様。

◆味・におい‥無味。無臭。

◆胞子‥長紡錘形、大型で、表面は平滑。胞子紋はオリーブ褐色。

◆発生‥夏から秋に、マテバシイ、コナラなどの広葉樹下に発生する。外生菌根菌。

◆食毒等‥加熱しても美しい紫色が変わらないので、カルパッチョ風サラダなどで色と味を楽しむ。

キアミアシイグチ　下＝東京都多摩市、9月、径10cm。右上＝東京都八王子市、7月、径8cm。

キアミアシイグチ（黄網足猪口）

イグチ科イグチ属
B. ornatipes Peck

◆ **子実体**‥イグチ型で、小型から中型。 ◆ **傘**‥幼時半球形から開いて丸山形、さらに平らとなる。色は灰褐色またはオリーブ褐色で、表面はビロード状。肉は黄色だが、傷つくと褐変し、硬くしまる。 ◆ **子実層托**‥管孔は短く、柄に直生する。孔口は不定形、やや疎で、上下同径で、中実。色は黄色で、隆起した黄色の網目が全面にある。肉は色、変色、質ともに傘と同様。 ◆ **味・におい**‥苦みがある。無臭。 ◆ **胞子**‥長紡錘形、やや大型で、表面は平滑。胞子紋はオリーブ褐色。 ◆ **発生**‥夏から秋に、雑木林の地上に発生する。外生菌根菌。 ◆ **食毒等**‥苦みがあり、食用不適。

コガネヤマドリ　いずれも東京都多摩市、9月。上＝径10cm。左下＝幼菌（左側）は、孔口を菌糸がおおっている。成菌（右側）は、孔口が現れている。径8cm。

コガネヤマドリ（黄金山鳥）

イグチ科イグチ属
Boletus auripes Peck

◆**子実体**：イグチ型で中型。

◆**傘**：幼時半球形から開いて丸山形、さらに平らとなる。色は黄金色または赤褐色で、表面は平滑。肉は黄色で軟質。

◆**子実層托**：管孔は短く、柄に上生する。孔口は密で、幼時淡黄色の菌糸でおおわれ、後黄色の孔口が現れ、やがて褐色となる。

◆**柄**：中心生、上下同径で、基部がやや太まり、中実。色は黄金色で、表面は上部に同色の細かい網目が、下方に縦の条線がある。肉は黄色で硬い。

◆**味・におい**：無味。無臭。

◆**胞子**：長紡錘形、やや大型で、表面は平滑。胞子紋は黄褐色。

◆**発生**：夏から秋に、雑木林の地上に発生する。外生菌根菌。

◆**食毒等**：食感、味ともによいが、煮汁が黄色くなるので、カレーの具などにするとよい。

ニセアシベニイグチ　いずれも埼玉県東松山市。上＝7月、径12cm。右下＝9月、径15cm。

ニセアシベニイグチ（偽脚紅猪口）

イグチ科イグチ属
B. pseudocalopus Hongo

◆子実体：イグチ型で、中型から大型。◆傘：幼時半球形から開いて丸山形、さらに平らとなる。色は灰褐色または黄褐色で、表面は平滑。肉は硬く、淡黄色で緻密、傷つくとすみやかに青変する。

◆子実層托：管孔は短く、柄に直生または垂生する。孔口は密で、色は黄色からオリーブ色となり、青変する。◆柄：中心生で、上下同径または下方に細まり、中実。色は黄色で、表面は赤色の細粒点でおおわれる。肉は色、変色、肉質とも傘と同様。◆味・におい：無味。無臭。◆胞子：長紡錘形、大型で、表面は平滑。胞子紋はオリーブ褐色。

◆発生：夏から秋に、雑木林の地上に発生する。外生菌根菌。

◆食毒等：食感、味ともによいが、ときに消化器系の中毒を起こすことがある。

ミドリニガイグチ　下・右上＝いずれも埼玉県川越市、7月、径6cm。

ミドリニガイグチ（緑苦猪口）

イグチ科ニガイグチ属
Tylopilus virens (Chiu) Hongo

◆子実体：イグチ型で小型。

◆傘：幼時丸山形から開いて平らとなる。色は黄色、黄緑色、暗緑色など。表面はビロード状で、湿っているとき弱い粘性がある。肉は淡黄色で軟質。

◆子実層托：管孔は長く、柄に離生する。孔口はやや密で、色は白から淡紅色となる。

◆柄：中心生で、下方に太まり、基部は棍棒状に膨らみ、地中で細まる。中実。色は淡黄色で、表面には紅色の網目や縦の条線があり、基部は鮮黄色。肉は濃黄色で硬い。

◆胞子：長紡錘形、やや大型で、表面は平滑。胞子紋は淡紅褐色。

◆発生：夏から秋に、雑木林の地上に発生する。外生菌根菌。

アケボノアワタケ（曙粟茸）

イグチ科ニガイグチ属
T. chromapes (Frost) A. H. Smith & Thiers

前種ミドリニガイグチに似るが、本種の傘は淡

ウラグロニガイグチ　左上＝東京都八王子市、7月、径8cm。左下＝埼玉県川越市、9月、径12cm。

アケボノアワタケ　右上・右下＝いずれも埼玉県東松山市、9月、径5cm。

ウラグロニガイグチ（裏黒苦猪口）

イグチ科ニガイグチ属
T. eximius (Peck) Sing.

◆**子実体**‥イグチ型で中型。◆**傘**‥幼時半球形から開いて丸山形、さらに平らとなる。色は暗褐色または暗赤褐色で、表面は平滑。肉は淡紫褐色で硬い。◆**子実層托**‥管孔は短く、柄に上生する。孔口は密で、色は帯紫褐色。◆**柄**‥中心生で、上下同径または下方に太まり、中実。色は傘と同様で、表面には暗紫褐色の細粒点が縦に並び、条線のように見える。肉は傘と同色で硬い。◆**味・におい**‥無味。無臭。◆**胞子**‥長紡錘形、大型で、表面は平滑。胞子紋は紫褐色。◆**発生**‥夏から秋に、雑木林の地上に発生する。外生菌根菌。◆**食毒等**‥消化器系の中毒を起こす。かつては食用にされていた。☆味がよく、

紅色で、柄の表面は淡紅色の細粒点におおわれる。両種とも食毒不明。

ニガイグチモドキ　上＝雨中のため、粘性があるように見えるが、粘性はない。埼玉県東松山市、7月、径12cm。左下＝幼菌。東京都八王子市、9月、径3.5cm。

ニガイグチモドキ（苦猪口擬）

イグチ科ニガイグチ属
Tylopilus neofelleus Hongo

◆子実体‥イグチ型で中型。◆傘‥幼時半球形から開いて丸山形、さらに平らとなる。色はオリーブ褐色または帯紫褐色で、表面はビロード状または平滑。肉は白く硬い。◆子実層托‥管孔は短く、柄に上生する。孔口は密で、色は白からワイン色となる。◆柄‥中心生で、下方に太まり、基部は棍棒状に膨らみ、中実。色は傘と同様で、表面には縦の条線がある。肉は傘と同様で、無臭。強い苦みがある。◆胞子‥紡錘形、中型で、表面は平滑。胞子紋は淡紅褐色。◆味・におい‥強い苦みがある。◆発生‥夏から秋に、雑木林の地上に発生する。外生菌根菌。◆食毒等‥食毒不明だが、強い苦みがあり食不適。☆かつて雑木林に多く発生したが、近年発生が少しした種がいくつかあり、本種もそのひとつである。

ホオベニシロアシイグチ　いずれも埼玉県東松山市。上＝7月、径14cm。左下＝幼菌。9月、径4.5cm。

ホオベニシロアシイグチ
（頬紅白脚猪口）

イグチ科 ニガイグチ属
T. valens (Corner) Hongo & Nagasawa

◆子実体：イグチ型で、中型から大型。◆傘：幼時半球形から開いて丸山形、さらに平らとなる。色は幼時淡灰褐色で、やがて濃色のしみが現れる。表面はフェルト状または平滑で、湿っているとき弱い粘性がある。肉は白く厚い。孔口は密で、色は白から淡紅色となり、傷つくと褐変する。孔は短く、柄に離生する。◆子実層托：管生で、下方に太まり、基部は棍棒状に膨らみ、中実。色は白く、全体に赤み、基部に黄色を帯びる。全面に隆起した粗い網目がある。肉は白く硬い。◆味・におい：酸味がある。無臭。◆胞子：長紡錘形、大型で、表面は平滑。胞子紋は褐色。◆発生：夏から秋に、雑木林の地上に発生する。外生菌根菌。◆食毒等：味と食感がよく、酸味を生かして酢の物や酢豚の具にするとよい。

アカヤマドリ　上＝埼玉県東松山市、6月、径18cm。左下＝幼菌。東京都八王子市、7月、径5cm。

アカヤマドリ（赤山鳥）

イグチ科ヤマイグチ属

Leccinum extremiorientale (L.Vass.) Sing.

◆子実体‥イグチ型で大型。◆傘‥幼時半球形から、開いて低い丸山形となる。色は幼時濃橙褐色で、表面は幼時脳状の皺でおおわれ、開くにつれ橙黄色の表皮がひび割れて黄色の肉が現れる。肉は緻密で厚い。◆子実層托‥管孔は短く、柄に上生する。孔口は密で、色は黄色からオリーブ黄色になる。◆柄‥中心生、上下同径で、基部が細まり、中実。色は黄色で、表面は橙黄色の細鱗片で全面がおおわれる。肉は黄色で、硬くしまる。◆味・におい‥無味、無臭。◆胞子‥長紡錘形、大型で、表面は平滑。胞子紋はオリーブ褐色。◆発生‥夏から秋、特に夏、雑木林の地上に発生する。外生菌根菌。◆食毒等‥厚い肉をスライスしてソテーする。煮汁が黄色くなるので、カレーやパエリヤの具にするとよい。

スミゾメヤマイグチ　東京都八王子市、10月、径5cm。

スミゾメヤマイグチ（墨染山猪口）

イグチ科ヤマイグチ属
L. griseum (Quél.) Sing.

◆**子実体**：イグチ型で、小型から中型。◆**傘**：幼時丸山形から、開いて低い丸山形となる。色は黄褐色または暗褐色で、しだいに黒みを帯び、表面は皺や凸凹が顕著。肉は類白色だが、傷つくと赤変し、やがて黒変する。◆**子実層托**：管孔は長く、柄に離生する。孔口はやや密で、色は類白色から褐色となる。◆**柄**：中心生で、下方に太まるが、基部で細まり、中実。色はクリーム色で、表面には黒い細鱗片が縦に並び、縦の条線のように見える。肉は色、変色、肉質ともに傘と同様。◆**味・におい**：無味。無臭。◆**胞子**：長紡錘形、大型で、表面は平滑。胞子紋は褐色。◆**発生**：夏から秋に、イヌシデやコナラの樹下に発生する。外生菌根菌。◆**食毒等**：食毒不明。

☆和名のスミゾメヤマイグチの「墨染め」は、子実体がしだいに黒くなることによる。

137

オニイグチ　いずれも埼玉県川越市、7月、径5cm。左下＝表面に隆起した網目のある胞子。無染色、最小目盛1μm。右下＝厚い綿状の内被膜。

オニイグチ（鬼猪口）

オニイグチ科オニイグチ属
Strobilomyces strobilaceus (Scop.: Fr.) Berk.

◆ 子実体：イグチ型で中型。

◆ 傘：幼時半球形から、開いて低い丸山形となる。幼時白の地を黒い綿毛状鱗片がおおうが、しだいに全体が黒くなり、鱗片は圧着状になる。肉は軟質で厚く、黒変する。

◆ 子実層托：管孔はやや長く、柄に湾生する。孔口はやや疎で、色は白から黒くなる。

◆ 柄：中心生、上下同径で、基部がやや膨らみ、中実。上部に白く厚い綿毛状のツバがある。表面は傘と同様の鱗片で全面がおおわれる。肉は硬くしまる。

◆ 味・におい：無味。無臭。

◆ 胞子：類球形、中型で、表面には隆起した網目がある。胞子紋は黒。

◆ 発生：夏から秋に、マツやコナラの樹下に発生する。外生菌根菌。

◆ 食毒等：食用になり、形状のわりには意外と美味。

ベニイグチ　埼玉県東松山市、8月、径6cm。

ベニイグチ（紅猪口）

オニイグチ科ベニイグチ属
Heimiella japonica Hongo

◆子実体：イグチ型で、小型から中型。◆傘：幼時半球形から開いて丸山形、さらに平らとなる。色は帯紫赤色または帯褐赤色で、表面はビロード状。肉は黄色で軟質、弱い青変性がある。◆子実層托：管孔は短く、柄に離生する。孔口は密で、色は黄色からオリーブ褐色となる。◆柄：中心生で、下方に太まり、基部が棍棒状に膨らみ、中実。色は上部が黄色、下方は傘と同様。全面に赤色の網目があり、その頂上に細粒点が並ぶ。肉は傘と同様。◆味・におい：無味、無臭。◆胞子：広楕円形、大型で、表面には網目がある。胞子紋はオリーブ色。◆発生：夏から秋に、雑木林の地上に発生する。外生菌根菌。◆食毒等：食毒不明。

キノコを食べる虫

土井　甲太郎

傘がオリーブ色で管孔の黄色が鮮やかなイグチを持ち帰り、あれこれ調べてキアミアシイグチと同定したところで机の上に放置してしまった。二、三日すると、家族が「家中を蛆が這いまわっている」と言い出し大騒ぎになった。もしやと思って机のところに行ってみると、美しかったイグチは完全に溶けて黒い粘液になりはて、そのまわりを無数の蛆が這っていた。採取したとき、すでに何者かが卵を産みつけていたにちがいない。それにしてもドロドロに溶けてしまうなんて……。後に、これは蛆が体外消化のために分泌した、唾液に含まれる消化酵素の仕業であることを知った。蛆とドロドロは庭の植え込みに処分され、事件はひとまず収拾を見た。

昆虫とキノコの関係を巡っては、古くから研究されている。葉っぱをちぎってきて巣でキノコを育てるハキリアリ、シロアリとオオシロアリタケの共生、木に孔をあけて入りこみ、木そのものではなくそこにカビを生やして菌糸を食べるキクイムシなどがよく知られている。今、私が気になっているのが、ヒトクチタケの中から胞子まみれになって転がり出てくる小さな甲虫のことである。卵の状態でキノコの中に入っているのか、それとも成虫が外から入り込むのか、何とか観察により突き止めたいのだが、なかなか思うように行かない。

事件後数日を経たある日。見たこともない華麗な姿の一匹のハエが、家の中を飛びまわっているのを発見した。それは、流線型のスマートな翅をもち、翅、複眼、体、すべてが虹色に輝いていた。あのときの蛆が、無事に蛹化し、羽化したにちがいない……。

こうして第二の事件が幕を開けた。

アイバシロハツ　きのこの下の白粉状は胞子紋。埼玉県東松山市、9月、径8cm。

アイバシロハツ（藍褶白初）

ベニタケ科ベニタケ属
Russula chloroides (Krombh.) Bres.

◆**子実体**：ベニタケ型で、小型から中型

◆**傘**：幼時中央がくぼむ丸山形から、開いて平ら、さらに漏斗形となるが、縁は永く内巻き。色は白いが、しだいに黄色いしみが現れる。表面は平滑。肉は白く硬い。

◆**子実層托**：ヒダは幅せまく密で、柄に離生する。色は白から淡い藍色を帯びる。

◆**柄**：中心生で、上下同径または下方に細まり、中実。色は白い。肉は白で硬く、縦に裂けない。

◆**味・におい**：弱い辛みがある。無臭。

◆**胞子**：類球形、表面には疣と網目がある。胞子紋は白。

◆**発生**：初夏から秋に、マツ、ヒマラヤスギなどの針葉樹やコナラ、シラカシなどの広葉樹の樹下に発生する。外生菌根菌。

◆**食毒等**：肉に弾力がなく、食感がよくないが、ピクルスにすると気にならず、辛みもなくなる。

☆シロハツは本種に似るが、柄のヒダに近い部分のみが淡い藍色。

シロハツモドキ　いずれも埼玉県東松山市。下＝7月、径6cm。左上＝9月、径8cm。

シロハツモドキ（白初擬）
ベニタケ科ベニタケ属
Russula japonica Hongo

◆子実体：ベニタケ型で、中型から大型。◆傘：幼時中央がくぼむ丸山形から、開いて漏斗形になる。色は白いが、やがて黄土色のしみが現れ、ついには全体が黄土色になる。表面は微粉状で凸凹がある。肉は白く硬い。◆子実層托：ヒダは幅せまく、きわめて密で、柄に直生する。色は白で、褐色のしみが現れる。◆柄：中心生で、上下同径または下方に細まり、中実または髄状。色は白で、黄土色のしみが現れ、表面には凸凹がある。肉は白で硬く、縦に裂けない。◆味・におい：苦みがある。無臭。◆胞子：球形、やや小型で、表面には小疣（いぼ）と細い網目がある。胞子紋はクリーム色。◆発生：初夏から秋に、雑木林の地上に発生する。外生菌根菌。◆食毒等：消化器系の中毒を起こす。
☆ベニタケ科のキノコは、ほとんどが植物と共生する外生菌根菌である。

クロハツ　左上＝埼玉県東松山市、9月、径10cm。左下＝東京都多摩市、7月、径12cm。

クロハツモドキ　右上＝東京都八王子市、8月、径8cm。右下＝埼玉県川越市、7月、径6cm。

クロハツ（黒初）
ベニタケ科ベニタケ属
R. nigricans (Bull.) Fr.

◆子実体‥ベニタケ型で、小型から中型。◆傘‥幼時中央がくぼむ丸山形から、開いて漏斗形になる。色は幼時白からしだいに黒くなり、表面は平滑。肉は硬く白いが、傷つくと赤変し、さらに黒変する。◆子実層托‥ヒダは幅広く疎で、柄に直生する。色は白く、変色は傘と同様。◆柄‥中心生で短く、下方に細まり、中空。色と変色は傘と同様。肉は白で硬く、縦に裂けない。◆味・におい‥無味。無臭。◆胞子‥類球形、やや小型で、表面には小疣と細い網目がある。胞子紋は白。◆発生‥初夏から秋に、マツ、コナラなどの樹下に発生する。外生菌根菌。

クロハツモドキ（黒初擬）
ベニタケ科ベニタケ属
R. densifolia (Secr.) Gill.

前種クロハツに似るが、本種はヒダが密。両種とも味はよく食用にされる。

クサハツモドキ　下＝東京都八王子市、9月、径5cm。　　クサハツ　上＝東京都多摩市、7月、径8cm。

クサハツ（臭初）
Russula foetens Pers.: Fr.
ベニタケ科ベニタケ属

◆子実体：ベニタケ型で、小型から中型。幼時球形から、中央のくぼんだ平らとなり、粒状線がある。色は黄褐色で、表面は湿っているとき粘性がある。肉は白く軟質。◆子実層托：ヒダは幅せまく密で、柄に離生する。色はクリーム色で、褐色のしみが現れる。◆柄：中心生、上下同径で、中空。色は白い。肉は白く軟質で、縦に裂けない。
◆味・におい：辛みがある。嫌な臭気がある。
◆胞子：広楕円形、やや小型で、表面は疣（いぼ）におおわれる。胞子紋はクリーム色。
◆発生：初夏から秋に、コナラ、シラカシなどの広葉樹下に発生する。外生菌根菌。

クサハツモドキ（臭初擬）
R. laurocerasi Melzer
ベニタケ科ベニタケ属

前種クサハツに似るが、本種はより淡色で、苦扁桃の匂いがする。両種とも消化器系の中毒を起

144

オキナクサハツ　いずれも埼玉県川越市。下＝7月、径6cm。左上＝7月、径7cm。

オキナクサハツ（翁臭初）

ベニタケ科ベニタケ属
R. senecis Imai

こす。

◆**子実体**‥ベニタケ型で、小型から中型。◆**傘**‥幼時球形から、中央のくぼんだ平らとなり、粒状線がある。色は暗黄褐色で、表面には放射状の皺があり、やがて周辺の表皮がはがれてくる。肉は白く軟質。◆**子実層托**‥ヒダは幅せまく密に直生する。色は傘より淡色で、褐色の縁どりがあり、赤褐色のしみが現れる。◆**柄**‥中心生、上下同径で、中空。色は白く、表面は褐色の細粒点で全面がおおわれる。肉は白く軟質で、縦に裂けない。◆**味・におい**‥無味。嫌な臭気がある。◆**胞子**‥広楕円形、やや小型で、表面には刺と翼状の隆起がある。胞子紋はクリーム色。◆**発生**‥初夏から秋に、マツ、コナラ、シラカシなどの樹下に発生する。外生菌根菌。

☆和名のオキナクサハツの「翁（おきな）」は、傘の表面に顕著な皺があることによる。

キチャハツ　下＝東京都八王子市、9月、径5cm。　　ニセクサハツ　上＝東京都文京区、6月、径5cm。

ニセクサハツ（偽臭初）

別名　クシノハタケモドキ（櫛菌茸擬）
ベニタケ科ベニタケ属
Russula pectinatoides Peck

◆子実体‥ベニタケ型で、小型から中型。◆傘‥幼時球形から、開いて漏斗形となり、粒状線がある。色は黄褐色で、表面は湿っているとき粘性がある。肉は白く、傷つくと赤変する。◆子実層托‥ヒダは幅せまく密で、柄に直生する。色は類白色で、赤褐色のしみが現れる。◆柄‥中心生、上下同径で、中空。色は白い。肉は白で硬く、縦に裂けない。◆味・におい‥やや辛みがある。嫌な臭気がある。◆胞子‥広楕円形、やや小型で、表面は小疣におおわれる。胞子紋はクリーム色。◆発生‥初夏から秋に、マツ、コナラ、シラカシなどの樹下に発生する。外生菌根菌。

キチャハツ（黄茶初）

ベニタケ科ベニタケ属
R. sororia (Fr.) Romell

前種ニセクサハツに似るが、本種には変色性が

146

カワリハツ　上＝埼玉県東松山市、7月、径8cm。左下＝東京都八王子市、8月、径6cm。右下＝東京都多摩市、7月、径6cm。

カワリハツ（変初）

ベニタケ科ベニタケ属
R. cyanoxantha (Schaeff.) Fr.

なく、柄の基部が灰色を帯びる。両種とも食不適。

◆子実体‥ベニタケ型で、小型から中型。◆傘‥幼時中央がくぼむ丸山形から、開いて漏斗形になるが、縁は永く内巻き。色は赤、青、緑など変化に富むが、どこかに紫色が混ざる。表面は微粉状で、湿っているとき弱い粘性がある。肉は白く硬い。◆子実層托‥ヒダは密で、柄に離生する。色は白い。◆柄‥中心生で、上下同径または下方に細まり、中実。色は白い。肉は硬く、縦に裂けない。◆味・におい‥無味。無臭。◆胞子‥類球形、中型で、表面は小疣におおわれる。胞子紋は白。

◆発生‥初夏から秋に、コナラ、シラカシなどの広葉樹下に発生する。外生菌根菌。

◆食毒等‥ベニタケ科のきのこにしては、味も食感もよい。

☆ヒダを少量指でつまみ、こすると粘りがでて糸を引く。

ニオイコベニタケ　下＝横浜市中区、6月、径2cm。左上＝埼玉県東松山市、7月、径2.5cm。

ニオイコベニタケ（匂小紅茸）

ベニタケ科ベニタケ属
Russula bella Hongo

◆子実体：ベニタケ型で小型。◆傘：幼時半球形から、開いて中央のくぼんだ平らとなり、条線がある。色はピンク色または赤色だが雨などで退色する。表面は微粉状。肉は白く軟質。◆子実層托：ヒダは幅せまく密で、柄に離生する。色は白からクリーム色となる。◆柄：中心生、上下同径で、中空。色は白いが赤みがさす。肉は白く軟質で、縦に裂けない。◆味・におい：無味。カブトムシのにおいがする。◆胞子：広楕円形、やや小型で、表面には疣と細い網目がある。胞子紋は白。

◆発生：初夏から秋に、マツ、コナラ、マテバシイなどの樹下に発生する。外生菌根菌。

◆食毒等：食毒不明。

☆ベニタケ属のきのこには、本種のようにカブトムシのにおいのするものが何種類かある。

ケショウハツ　東京都八王子市、6月、径8cm。

ケショウハツ（化粧初）

別名　モモハツ（桃初）
ベニタケ科ベニタケ属
R. violeipes Quel.

◆**子実体**：ベニタケ型で、小型から中型。幼時中央のくぼんだ丸山形から、開いて浅い漏斗形となる。色は幼時淡黄色で、しだいに赤い色が広がる。表面は微粉状で、湿っているとき弱い粘性がある。肉は白く硬い。◆**子実層托**：ヒダは幅広く、やや密で、柄に離生する。色はクリーム色。実。色は傘同様に変化する。肉は白で硬く、縦に裂けない。◆**柄**：中心生、上下同径または下方が細まり、中◆**味・におい**：無味。カブトムシのにおいがする。◆**胞子**：広楕円形、やや小型で、表面には小疣と細い網目がある。胞子紋は白。◆**発生**：初夏から秋に、マツの樹下や雑木林の地上に発生する。外生菌根菌。◆**食毒等**：食毒不明。☆色合いが桃に似ることから「桃初（モモハツ）」の別名もある。

アイタケ　上＝埼玉県東松山市、7月、径6cm。左下＝埼玉県川越市、7月、径5cm。右下＝東京都杉並区、6月、径5cm。

アイタケ（藍茸）

ベニタケ科ベニタケ属
Russula virescens (Schaeff.) Fr.

◆**子実体**：ベニタケ型で、小型から中型。幼時半球形から、開いて中央のくぼんだ平ら、さらに漏斗形となり、粒状線がある。色は緑色で、表皮がしだいにひび割れ、白い肉が現れて絣模様となる。肉は白く軟質。　◆**子実層托**：ヒダは幅がやや広く密で、柄に離生または直生する。色は白い。　◆**柄**：中心生で、上下同径または下方に細まり、中実または髄状。色は白く、表面には縦皺(たてじわ)がある。肉は白く軟質で、縦に裂けない。　◆**味・におい**：無味、無臭。　◆**胞子**：類球形、やや小型で、表面には小疣(いぼ)と細い網目がある。胞子紋は白。

◆**発生**：夏から秋に、雑木林の地上に発生する。外生菌根菌。

◆**食毒等**：脆いうえに軟らかく、食感はよくないが味はよい。

ヒビワレシロハツ　下＝埼玉県川越市、6月、径6cm。右上＝東京都杉並区、6月、径5cm。

ヒビワレシロハツ（輝割白初）

ベニタケ科ベニタケ属
R. alboareolata Hongo

◆子実体∶ベニタケ型で、小型から中型。◆傘∶幼時中央がくぼむ丸山形から、開いて中央のくぼんだ平らまたは漏斗形となり、粒状線がある。色は白く、表面は微粉状で、表皮がひび割れ、湿っているとき弱い粘性がある。肉は白く軟質。◆子実層托∶ヒダは幅広く、やや疎で、柄に離生する。色は白い。◆柄∶中実生で、上下同径または下方に細まり、中実または髄状。色は白く、表面には縦皺がある。肉は白く軟質で、縦に裂けない。◆味・におい∶無味。無臭。◆胞子∶広楕円形、やや小型で、表面には刺と細い網目がある。胞子紋は白。

◆発生∶初夏から秋に、コナラ、シラカシなどの広葉樹下に発生する。外生菌根菌。

◆食毒等∶食毒不明。

ドクベニタケ 下＝東京都新宿区、9月、径3cm。左上＝中央付近まで表皮をはぎ取れる。

ドクベニタケ（毒紅茸）

ベニタケ科ベニタケ属
Russula emetica (Schaeff.: Fr.) Gray

◆子実体：ベニタケ型で小型。◆傘：幼時半球形から、開いて中央のくぼんだ平らとなり、粒状線がある。色は鮮紅色だが、雨などで退色する。表面は湿っているとき粘性がある。肉は白く軟質。表皮を中央付近まではがすことができる。◆子実層托：ヒダは幅せまく、やや疎で、柄に離生する。色は白い。◆柄：中心生、上下同径で、髄状。色は白く、表面には縦皺がある。肉は白く軟質で、縦に裂けない。◆味・におい：強い辛みがある。無臭。◆胞子：広楕円形、中型で、表面には刺と細い網目がある。胞子紋は白。◆発生：夏から秋に、マツ、ヒマラヤスギや広葉樹下に発生する。外生菌根菌。◆食毒等：消化器系の中毒を起こす。
☆ベニタケ属には、赤いきのこが多いが、どれも形状が似ていて同定がむずかしい。（コラム「ベニタケの同定はむずかしい」154ページ参照）

シュイロハツ　下＝東京都新宿区、9月、径5cm。　　ニシキタケ　上＝埼玉県東松山市、7月、径3.5cm。

ニシキタケ（錦茸）
ベニタケ科ベニタケ属
R. aurea Pers.

◆**子実体**：ベニタケ型で、小型から中型。◆**傘**：幼時中央がくぼむ丸山形から、開いて中央のくぼんだ平らとなり、粒状線がある。色は赤色、橙色、黄色などが混ざる。肉は白く軟質。◆**子実層托**：ヒダは幅広く疎で、柄に離生する。色は白から黄色、縁が濃色になる。◆**柄**：中心生、上下同径で、中空。色は淡黄色で、基部が濃色。肉は白く軟質で、縦に裂けない。◆**味・におい**：無味。無臭。◆**胞子**：広楕円形、中型で、表面には疣（いぼ）と細い網目がある。胞子紋は黄土色。◆**発生**：夏から秋に、マツの樹下や雑木林の地上に発生する。外生菌根菌。

シュイロハツ（朱色初）
ベニタケ科ベニタケ属
R. pseudointegra Arnould & Goris

前種ニシキタケに似るが、本種のほうが傘の赤色が濃く、ヒダの黄色が薄い。両種とも食毒不明。

ベニタケの同定はむずかしい

土井 倫平

初夏から秋まで、公園やちょっとした林の地上に色とりどりの姿を現すベニタケ科のきのこは、身近に出会える都会のキノコの代表といえる。

ベニタケ科のきのこには似たものが多い。傘が同じ赤色でも、よく観察すると、傘の表面の状態、ヒダの色、柄の色や形がちがっているなど、赤い傘のベニタケが何種類もあることに気がつく。種類が多いうえに、似ているものが多く、名前のついていないものもある。キノコに詳しい人に訊ねても、科や属の特徴などは説明してくれるものの、種名となると首を傾げる。ベニタケ科の同定はむずかしい。

種の同定はむずかしいが、ベニタケ科であることだけなら初心者でも容易にわかる。「縦に裂けるきのこは食べられる」とは、なんとも危険な言い伝えだが、きのこを裂いてみるのは、ベニタケ科のきのこを見分けるにはよい方法だ。球形の細胞が多く含まれるベニタケ科のきのこは、縦に裂けず途中で壊れてしまう。さらに、その断面から乳液が出ればチチタケ属、出なければベニタケ属ということになる。胞子を顕微鏡観察しても、淡色で、その表面は疣、網目などでおおわれ、ベニタケ科であることは容易にわかる。それだけに、種の同定にベニタケ科との落差がなんとも悔しい。

二十年ほど以前、渓流釣りに夢中になっていた頃のこと。暖をとるための薪を求めて森に分け入ると、地上に点々と並ぶ真っ赤なきのこが目に入った。歩く先々に、それはまるで何かの道標のようであった。今これほどベニタケに悩まされ、苦しめられることになろうとは、そのとき知る由もなかったが、あのベニタケが、ここまで私を連れて来たことだけは確かだ。

疣状隆起のある胞子

網目のある胞子

疣のある胞子

肉が脆く、縦に裂けない

ベニタケ科のきのこは、肉が脆く、胞子には疣や網目がある。

ツチカブリモドキ　下＝東京都八王子市、9月、径10cm。　ツチカブリ　上＝埼玉県川越市、7月、径8cm。

ツチカブリ（土被）

ベニタケ科チチタケ属
Lactarius piperatus (Scop.: Fr.) Gray

◆子実体：ベニタケ型で、中型から大型。◆傘：幼時中央がくぼむ丸山形から、開いて漏斗形になる。色は白く、表面には皺がある。傷つけると白い乳液を多量に分泌する。肉は白く硬い。◆柄：中心生で、下方に細まり、中実。色、表面とも傘と同様。◆子実層托：ヒダは幅せまく、きわめて密で、柄に垂生する。色は類白色。◆胞子：類球形、やや小型で、表面には小疣と細い網目がある。胞子紋は白。無臭。味・におい：肉も乳液も強い辛みがある。◆発生：夏から秋に、マツの樹下や雑木林の地上に発生する。外生菌根菌。

ツチカブリモドキ（土被擬）

ベニタケ科チチタケ属
L. subpiperatus Hongo

前種ツチカブリに似るが、本種はヒダが疎である。両種とも、消化器系の中毒を起こす。

ケシコハツモドキ　左下＝東京都多摩市、7月、径8cm。右下＝東京都八王子市、9月、径8cm。

ケシロハツ　上＝東京都八王子市、9月、径10cm。

ケシロハツ（毛白初）
ベニタケ科チチタケ属
Lactarius vellereus (Fr.) Fr.

◆**子実体**‥ベニタケ型で、小型から中型。

◆**傘**‥幼時中央がくぼむ丸山形から、開いて漏斗形になるが、縁は永く内巻き。色は白く、表面には白い微毛がある。肉は硬く、傷つけると褐変し、白い乳液を分泌する。

◆**子実層托**‥ヒダは幅せまく疎で、柄に垂生する。色は白から淡黄色となる。

◆**柄**‥中心生で、太短く、下方に細まり、中実。表面は傘と同様。肉は硬く、縦に裂けない。

◆**味・におい**‥肉も乳液も強い辛みがある。無臭。

◆**胞子**‥類球形、中型で、表面には細かい疣（いぼ）と細い網目がある。胞子紋は白。

◆**発生**‥夏から秋に、雑木林の地上に発生する。外生菌根菌。

ケシロハツモドキ（毛白初擬）
ベニタケ科チチタケ属
L. subvellereus Peck

前種ケシロハツに似るが、本種はヒダが密であ

ニオイワチチタケ　下＝横浜市中区、6月、径4cm。右上＝濃淡の環紋がある。東京都八王子市、7月、径5cm。

ニオイワチチタケ（匂輪乳茸）

ベニタケ科チチタケ属
L. subzonarius Hongo

◆**子実体**‥ベニタケ型で小型。

◆**傘**‥幼時中央がくぼむ丸山形から、開いて浅い漏斗形になる。色は黄褐色で、濃淡による環紋があり、淡色の環紋上を白い繊維状の鱗片がおおう。肉は淡褐色で脆く、傷つけると白い乳液を分泌する。

◆**子実層托**‥ヒダは幅せまく密で、柄に垂生する。色は傘より淡色で、やや褐変する。

◆**柄**‥中心生、上下同径で、中空。色は傘と同様で、表面には縦繊があり、基部を黄褐色の粗毛がおおう。肉は脆く、縦に裂けない。乾燥すると、そのにおいはさらに強くなる。

◆**味・におい**‥無味。カレー臭がある。

◆**胞子**‥類球形、やや小型で、表面には疣(いぼ)と細い網目がある。胞子紋はクリーム色。

◆**発生**‥夏から秋に、雑木林の地上に発生する。外生菌根菌。

◆**食毒等**‥食毒不明。

る。両種とも消化器系の中毒を起こす。

ヒロハチチタケ　左下＝東京都多摩市、9月、径6cm。

チチタケ　上＝埼玉県川越市、9月、径5cm。右下＝東京都八王子市、7月、径5cm。

チチタケ（乳茸）
ベニタケ科チチタケ属
Lactarius volemus (Fr.: Fr.) Fr.

◆子実体‥ベニタケ型で、小型から中型。◆傘‥幼時中央がくぼむ丸山形から、開いて浅い漏斗形になる。色は黄褐色または赤褐色で、表面は微粉状。肉は硬く、傷つけると白い乳液を多量に分泌し、乳液と傷口が褐変する。◆子実層托‥ヒダは幅せまく密で、柄に直生する。色は類白色で、褐色のしみが現れる。◆柄‥中心生、上下同径で、中実。色は傘と同様で、表面は平滑。肉は硬く、縦に裂けない。◆味・におい‥やや渋みがある。無臭。◆胞子‥球形、中型で、表面には隆起した網目がある。胞子紋は白。◆発生‥夏から秋に、雑木林の地上に発生する。外生菌根菌。◆食毒等‥栃木県のチタケうどんは有名。

ヒロハチチタケ（広褶乳茸）
ベニタケ科チチタケ属
L. hygrophoroides Berk. & Curt.

ヒロハシデチチタケ　下＝東京都八王子市、9月、径8cm。右上＝ヒダは幅広く疎。

ヒロハシデチチタケ (広褶四手乳茸)

ベニタケ科チチタケ属
L. circellatus Fr. f. *distantifolius* Hongo

前種チチタケに似るが、本種は色が淡く、ヒダが幅広く疎。味では本種のほうが上ともいう。

◆**子実体**：ベニタケ型で、小型から中型。◆**傘**：幼時丸山形から、開いて中央がくぼむ平らとなる。色は灰褐色で、濃淡による環紋があり、表面は湿っているとき粘性がある。肉は淡褐色で硬く、傷つけると白い乳液を分泌するが、肉、乳液とも変色しない。◆**子実層托**：ヒダは幅広く疎で、柄に直生または垂生する。色は淡褐色。◆**柄**：中心生で、下方に細まり、中空。色は傘より淡色で、表面には凸凹がある。肉は硬く、縦に裂けない。無臭。味・におい：肉、乳液とも辛みがある。◆**胞子**：類球形、やや小型で、表面には刺と翼状の隆起がある。胞子紋は黄土色。◆**発生**：夏から秋に、シデ属、特にイヌシデの樹下に多く発生する。外生菌根菌。◆**食毒等**：食毒不明。

キチチタケ　下＝東京都八王子市、10月、径3.5cm。左上＝埼玉県川越市、8月、径4cm。

キチチタケ（黄乳茸）
Lactarius chrysorrheus Fr.
ベニタケ科チチタケ属

◆子実体‥ベニタケ型で、小型から中型。

◆傘‥幼時中央がくぼむ丸山形から、開いて浅い漏斗形になる。色は淡黄褐色で、濃淡による環紋がある。肉は薄く、傷つけると白い乳液を分泌し、すぐに黄変する。

◆子実層托‥ヒダは幅せまく密で、柄に直生または垂生する。色はクリーム色。

◆柄‥中心生で、上下同径または下方にやや細まり、中空。色は傘と同色で、表面は平滑。肉は軟質で、縦に裂けない。

◆味・におい‥肉、乳液とも辛みがある。無臭。

◆胞子‥類球形、やや小型で、表面には刺と網目がある。胞子紋はクリーム色。

◆発生‥初夏から晩秋まで、マツの樹下や雑木林の地上に発生する。外生菌根菌。

◆食毒等‥食毒不明。

アカハツ（赤初）
L. akahatsu Tanaka
ベニタケ科チチタケ属

アカモミタケ　左下＝東京都檜原村、11月、径5cm。

アカハツ　上＝横浜市金沢区、9月、径6cm。右下＝東京都多摩市、10月、径6cm。

アカモミタケ（赤樅茸）
L. laeticolor (Imai) Imazeki
ベニタケ科チチタケ属

◆子実体：ベニタケ型で中型。くぼむ丸山形から、開いて漏斗形になる。色は淡橙赤色で、縁近くに濃淡による細い環紋がある。肉は淡橙色で硬く、傷つけると橙色の乳液を分泌し、後青緑色になる。◆子実層托：ヒダはやや密で、柄に垂生する。色は橙赤色。◆柄：中心生で、下方に細まり、中空。色は傘と同様で、小さいくぼみがある。肉は硬く、縦に裂けない。◆味・におい：無味。無臭。◆胞子：楕円形、中型で、表面には小疣（いぼ）と網目がある。胞子紋はクリーム色。◆発生：夏から秋に、マツの樹下に発生する。外生菌根菌。

前種アカハツに似るが、本種はモミの樹下に発生し、分泌する乳液が変色しない。両種とも、食感はよくないが味がよいので、油で処理してオムレツの具などにする。

ハツタケ 分泌したワイン色の液が徐々に青緑色になる。東京都多摩市、9月、径5cm。

ハツタケ（初茸）

ベニタケ科チチタケ属
Lactarius lividatus (Berk. & Curt.) Kuntze

◆**子実体**：ベニタケ型で中型。◆**傘**：幼時中央がくぼむ丸山形から、開いて漏斗形になる。色はワイン褐色で、縁近くに濃淡による細い環紋がある。肉は淡色で厚く、傷つけるとワイン色の液を分泌し、肉の変色はないが、液はしだいに青緑色に変化する。◆**子実層托**：ヒダは幅やや広く密で、柄に垂生する。色は傘より濃色。◆**柄**：中心生で、下方に細まり、中空。色は傘と同様で、表面は平滑。肉は硬く、縦に裂けない。◆**味・におい**：無味。無臭。◆**胞子**：広楕円形、中型で、表面には隆起した網目がある。胞子紋はクリーム色。
◆**発生**：初夏から秋に、マツの樹下に発生する。外生菌根菌。
◆**食毒等**：食感はよくないが味がよく、煮物や炊き込みご飯にする。
☆和名ハツタケの「初」は、梅雨時や秋の早い時期に発生することによる。

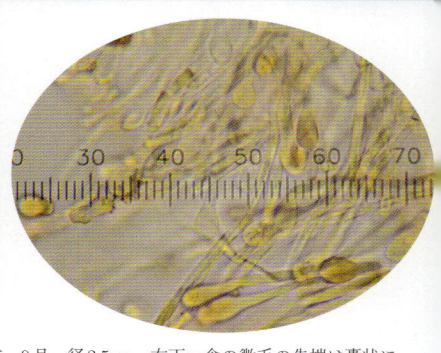

モチゲチチタケ　左・右上＝いずれも東京都調布市、9月、径3.5cm。右下＝傘の微毛の先端は囊状に膨らみ、粘液を含む。無染色、最小目盛2.5μm。

モチゲチチタケ（餅毛乳茸）
ベニタケ科チチタケ属
Lactarius sp.

◆子実体‥ベニタケ型で、小型から中型。

◆傘‥幼時中央がくぼむ丸山形から、開いて浅い漏斗形になるが、縁は永く内巻き。色は肌色または淡褐色で、濃褐色のしみが現れる。表面は微毛におおわれ、ルーペでのぞくと毛先が光って見え、触れると粘りを感じる。乳液の変色はないが、傷つけると白い乳液を多量に分泌する。肉は硬く、傷口は褐変する。

◆子実層托‥ヒダは幅せまく密で、柄に直生または離生する。色は類白色。

◆柄‥中心生、上下同径で、中空。色と表面は傘と同様。肉は硬く、縦に裂けない。

◆味・におい‥無味。無臭。

◆胞子‥類球形、やや小型で、表面は疣でおおわれる。胞子紋は白。

◆発生‥夏から秋に、コナラやマツの樹下に発生する。外生菌根菌。

◆食毒等‥食毒不明。

観察会を楽しむ

長谷川　明

筆者自身もまたウォッチングの対象になっている

以前は、秋になると菌友たちときのこ採りによく出かけた。帰りにはきのこで籠がいっぱいになり、その後しばらくはきのこ料理と決まっていた。ところが、近頃はもっぱら観察会に出かけている。晴れればきのこ日和といい、雨が降れば恵みの雨という。たとえ台風が来ても、林の中は風の方はさっぱりだ。観察会は、かなり以前に計画を立てなければならないので、当日のきのこの出方などは考慮できない。したがって、きのこは採れないことが多い。観察会に出かけることが多くなったおかげで、秋になっても我が家の食卓をきのこが賑わすことはなくなってしまった。

観察会では、数十人のキノコ好きが観察地を隈なく探すのだから、おのずときのこはたくさん集まる。種類も多くなるし、同じ種がいくつも並ぶので、変異を確認することもできる。それは個人で探す比ではない。キノコを覚えるのに観察会はまことにありがたい。

観察会にはいろんな人が集まってくる。経歴もいろいろで、渓流釣りで魚は釣れず、キノコに釣られてしまった人、登山中に見つけたキノコに魅せられた人、絵を描きに山へ通っているうち、キノコの道に迷い込んでしまった人など、横道に逸れてキノコにたどりついた人たちが多い。そんな人たちの出で立ちがまた個性的だ。道具に凝りすぎたのか、弁慶の七つ道具よろしく大きな荷物を背負っている人、どこに何が入っているのかわからるほどにポケットだらけの服を着ている人、猪八戒のように、いつも熊手を担いでいる人など、キノコに負けず、その形態の変異は多様だ。

今日はきのこがさっぱりとぼやきつつ、集まったたくさんのきのこだけでなく、集まったたくさんの個性的な人たちをウォッチングできる観察会を、私は秘かに楽しんでいる。

キノコを覚えるには、キノコをいかに多く見るかにかかっている。同じ種であっても、成長過程や発生地により形態の変異が大きいから、それらを見
ていないと、知っている種でも同定できないことがある。

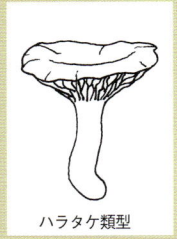

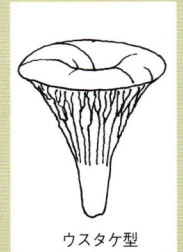

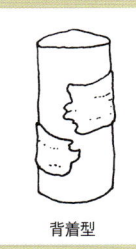

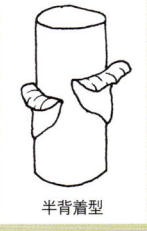

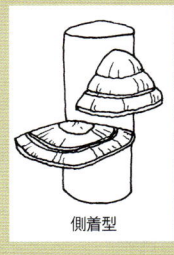

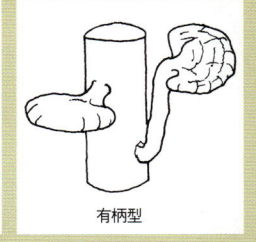

| ハラタケ類型 | ハナビラタケ型 | ホウキタケ型 | ナギナタタケ型 |

| ウスタケ型 | **ヒダナシタケ類** |

| 背着型 | 半背着型 | 側着型 | 有柄型 |

ヒダナシタケ類のきのこ（子実体）の型

ナギナタタケ型 線形・すりこぎ形などがあり、ときにわずかに分岐する。子実層托は全面にある。

ホウキタケ型 樹枝状に分岐し、箒形、珊瑚形などがある。子実層托は全面にある。

ウスタケ型 ラッパ形、筒形などがある。子実層托は側面にある。

ハラタケ類型 傘と柄があり、柄は中心生または偏心生。子実層托は傘の裏にある。

ハナビラタケ型 花びら形やへら形の集合体。子実層托は下面にある。

背着型 基物に面状に広がる背着生で、反転しても張り出す傘は小さい。子実層托は表面にある。

半背着型 背着部分から反転して傘が張り出す半背着生で、傘には鱗形、棚形、半円形などがある。子実層托は背着部分の表面および傘の裏にある。

側着型 基物に直接傘がつく側着生で無柄。傘には半円形、楔形、馬蹄形などがある。子実層托は傘の裏にある。

有柄型 傘と柄があり、傘には半円形、貝殻形などがあり、柄は側生。子実層托は傘の裏にある。

ヒダナシタケ類の子実層托

ヒダナシタケ類の子実層托は不完全に見えるが、その形状は多様である。基本の形は平坦、ヒダ、孔、ハリだが、中間的な形のシワ、イボ、迷路状、ヒダや孔の壁に切れ込みが入った鋸歯状、壁が裂けた薄歯状などの変異形もある。（コラム「自然の造形」208ページ参照）

鋸歯状

薄歯状

平坦

イボ（疣）

迷路状

シワ（皺）

ハリ（針）

孔（管孔）

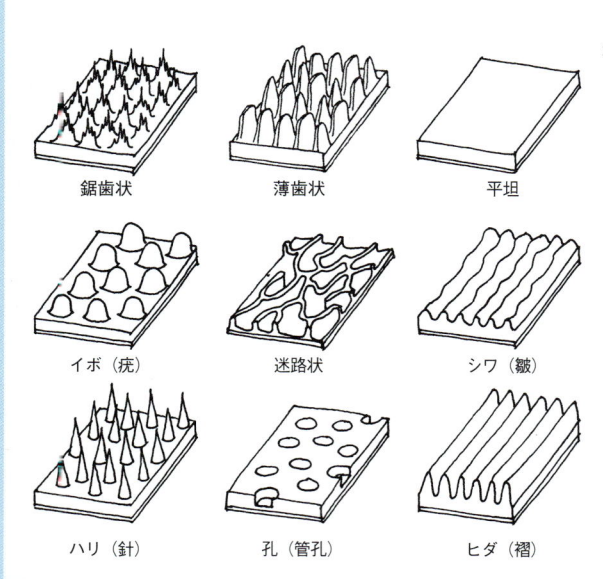

ヒダ（褶）

ヒナアンズタケ　左下＝シワの分岐、連絡が少ない。東京都八王子市、7月、径1.5cm。

アンズタケ　上・右下＝いずれも東京都八王子市、7月、径4cm。右下＝シワが分岐、連絡する。

アンズタケ（杏茸）
アンズタケ科アンズタケ属
Cantharellus cibarius Fr.

◆**子実体**：ハラタケ類型で小型。

◆**傘**：幼時中央がくぼむ皿形から漏斗形になり、縁は波うつ。色は橙黄色で、表面は平滑。肉は淡黄色で柔軟。

◆**子実層托**：シワは浅く、分岐や連絡があり、やや疎で、柄に長く垂生する。色は淡黄色。

◆**柄**：中実で、下方に細まり、中実。色、表面は傘と同様。

◆**味・におい**：無味。杏の香りがある。

◆**胞子**：楕円形、中型で、表面は平滑。胞子紋は白。

◆**発生**：夏から秋に、マツやコナラなどの樹下に群生する。外生菌根菌。

◆**食毒等**：オムレツやシチュウなど、洋風の料理に合うが、煮物などの和風料理にもよい。

ヒナアンズタケ（雛杏茸）
アンズタケ科アンズタケ属
C. minor Peck

前種アンズタケに似るが、本種はきわめて小型で、シワの分岐、連絡が少ない。食用になる。

ベニウスタケ　いずれも埼玉県東松山市、7月。下＝径2.5cm。左上＝シワが分岐、連絡する。径3cm。

ベニウスタケ（紅臼茸）

アンズタケ科アンズタケ属
Cantharellus cinnabarinus Schw.

◆ **子実体**：ハラタケ類型で小型。

◆ **傘**：幼時丸山形から開いて中央がくぼむ皿形、さらに漏斗形となる。縁は波うち、永く内巻き。色は橙黄色または紅色で、表面は平滑。肉は白く、柔軟で薄い。

◆ **子実層托**：シワは浅く、分岐や連絡があり、やや疎で、柄に長く垂生する。色は傘より淡色。

◆ **柄**：中心生で、下方に細まり、中実。色と表面は傘と同様。肉も傘と同様。わずかに杏（あんず）の香りがある。 ◆ **味・におい**：辛みが中型で、表面は平滑。 ◆ **胞子**：楕円形、胞子紋は白。

◆ **発生**：夏から秋に、コナラなどの広葉樹の樹下に群生する。外生菌根菌。

◆ **食毒等**：辛みは、天ぷらやフリッターにすると甘みに変わる。

クロラッパタケ　いずれも東京都多摩市。上＝9月、径2.5cm。右下＝10月、径3cm。

クロラッパタケ（黒喇叭茸）

アンズタケ科クロラッパタケ属
Craterellus cornucopioides (L.:Fr.) Pers.

◆子実体：ウスタケ型で、小型から中型。幼時先のすぼまる筒形から、口の縁が広がり傘となり、全体が喇叭形となる。傘の表面と筒の内面の色は灰褐色または黒褐色で、ささくれ状の鱗片がある。肉は表面と同色で、柔軟な革質。◆子実層托：傘の下面と筒の側面にあり、浅い縦のシワまたは平坦で、色は淡灰色、表面は白粉状。◆柄：子実層托の部分から連続し、下方に細まり、短く、中空または中実。色は黒褐色で、表面は平滑。肉は傘と同様。◆味・におい：無味、無臭。◆胞子：広楕円形、大型で、表面は平滑。胞子紋は白。◆発生：夏から秋に、コナラなどの広葉樹の樹下に群生する。◆食毒等：肉の煮込み料理に使うとよい味がでる。

シロソウメンタケ　左下＝東京都八王子市、9月、高さ2cm。　　ムラサキナギナタタケ　上＝埼玉県東松山市、9月、高さ6cm。右下＝東京都中央区、6月、高さ4cm。

ムラサキナギナタタケ（紫薙刀茸）

シロソウメンタケ科シロソウメンタケ属
Clavaria purpurea Muell.: Fr.

◆ **子実体**：ナギナタタケ型で小型。素麺形または扁平な棒形で、先端は細まり、基部に白毛状の菌糸が密生する。色は淡紫色または淡灰紫色からしだいに褐色を帯びる。表面は平滑。肉は淡色で脆い。◆ **子実層托**：子実体の全面にあり、平坦で、表面は平滑。胞子紋は白。◆ **味・におい**：無味、無臭。◆ **胞子**：紡錘形、中型
◆ **発生**：初夏から秋に、マツの樹下に束生または叢生する。
◆ **食毒等**：熱を加えても変色しないので、吸い物の具などにすると、その色あいを楽しむことができる。

シロソウメンタケ（白素麺茸）

シロソウメンタケ科シロソウメンタケ属
C. vermicularis Swartz: Fr.

前種ムラサキナギナタタケに形が似るが、本種は小型で半透明の白。食用になる。

フサタケ　下＝東京都八王子市、9月、高さ6cm。右上＝東京都多摩市、10月、高さ2.5cm。

フサタケ（房茸）

シロソウメンタケ科フサタケ属
Pterula multifida (Chev.) Fr.

◆子実体：ホウキタケ型で中型。短い基部から多数分岐し、枝は細長く伸び、先端は針のように尖り、乾燥すると毛状になる。色は類白色からしだいに褐色を帯び、乾燥すると黒みを帯びる。表面は平滑。肉は類白色で、硬い軟骨質。◆子実層托：子実体の全面にあり、平坦。◆味・におい：無味。無臭。◆胞子：紡錘形、やや小型で、表面は平滑。胞子紋は白。
◆発生：夏から秋に、落ち葉や落ち枝など、腐植の多い地から発生する。
◆食毒等：食毒不明。

シロヒメホウキタケ　下＝東京都八王子市、10月、全幅10cm。左上＝埼玉県東松山市、9月、全幅10cm。

シロヒメホウキタケ（白姫箒茸）

シロソウメンタケ科ヒメホウキタケ属
Ramariopsis kunzei (Fr.) Donk

◆ 子実体：ホウキタケ型で中型。細く短い基部から分岐を繰り返し、各先端はY字形。色は白から淡褐色になり、ときに赤みを帯びる。表面は平滑で、基部に白い短毛が密生する。肉は白く、弾力がある。

◆ 子実層托：子実体の全面にあり、平坦。

◆ 味・におい：無味。無臭。

◆ 胞子：楕円形、小型で、表面は刺でおおわれる。胞子紋は白。

◆ 発生：夏から秋に、朽ちた倒木や、落ち葉や落ち枝など、腐植の多い地に発生する。

◆ 食毒等：食毒不明。

カレエダタケモドキ 　下＝埼玉県東松山市、6月、全幅20cm。　　カレエダタケ 　上＝東京都八王子市、6月、高さ6cm。

カレエダタケ（枯枝茸）

カレエダタケ科カレエダタケ属
Clavulina cristata (Fr.) J.Schröt.

◆子実体：ホウキタケ型で中型。短い基部から短く分岐し、各先端は鶏冠状になる。色は幼時白または灰白色で、後黄色を帯び、表面は平滑。肉は白く、弾力がある。◆子実層托：子実体の全面にあり、平坦。◆胞子：類球形、中型で、表面は平滑。胞子紋は白。

◆発生：初夏から秋に、落葉や落ち枝の多い地に発生する。

◆食毒等：食毒不明。

カレエダタケモドキ（枯枝茸擬）

カレエダタケ科カレエダタケ属
C. rugosa (Bull.: Fr.) J.Schröt.

前種カレエダタケに似るが、本種は分岐が少なく、先端が尖らず、灰色を帯びる。食毒不明。

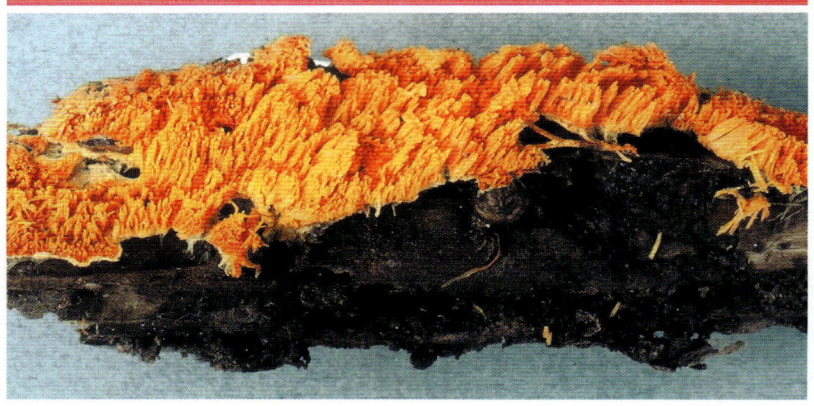

ヒイロハリタケ　下＝東京都多摩市、9月、子実体の幅5cm。

アイコウヤクタケ　上＝埼玉県小川町、10月、枝の長さ12cm。

アイコウヤクタケ（藍膏薬茸）

コウヤクタケ科アイコウヤクタケ属
Pulcherricium caeruleum (Lamarck ex St. Amans) Parmasto

◆子実体∷背着型で、基物上に面状に広がる。
◆子実層托∷全面にあり、平坦。色は鮮やかな藍色から灰黒紫色になり、表面は平滑または疣（いぼ）状。
◆胞子∷楕円形、小型で、表面は平滑。無色。
◆発生∷通年で、広葉樹の落ち枝などに発生する。白色腐朽菌。
☆白色腐朽菌は、材中のリグニンとセルロースを分解するキノコで、分解された材は白くなる。

ヒイロハリタケ（緋色針茸）

コウヤクタケ科ヒイロハリタケ属
Hydnophlebia chrysorhiza (Torr.) Parmasto

◆子実体∷背着型で、基物上に広がる。◆子実層托∷全面にある短いハリ。色は鮮やかな橙赤色から帯褐色となる。◆胞子∷楕円形、小型で、表面は平滑。無色。
◆発生∷通年で、広葉樹の倒木や落ち枝などに発生する。白色腐朽菌。

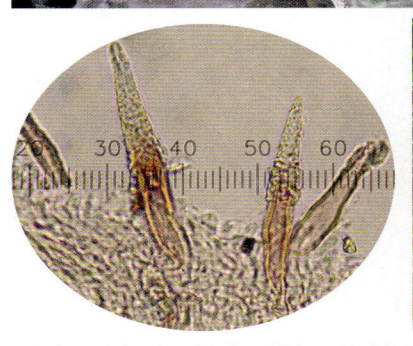

カミウロコタケ 上＝東京都八王子市、5月、張り出した傘の幅1cm。左下＝結晶をつけたシスチジア。無染色、最小目盛2.5μm。右下＝子実層托は平坦。

カミウロコタケ（紙鱗茸）

ウロコタケ科カミウロコタケ属
Porostereum crassum (Lév.) Hjort. & Ryvarden

◆**子実体**：背着型または半背着型。

◆**傘**：背着部分の上部がわずかに反転し、棚状に張り出して傘となり、縁は薄く鋭い。傘の色は淡褐色から褐色、さらに黒褐色となり、色の濃淡が環紋をなす。表面は微毛でおおわれ、緑藻がついて緑色を帯びることもある。肉は強靭な革質。

◆**子実層托**：背着部分および傘の裏にあり、平坦。色は幼時紫色から紫褐色になり、さらに淡褐色となる。表面はビロード状で凸凹がある。

◆**胞子**：楕円形、小型で、表面は平滑。無色。

◆**発生**：春から秋に、クヌギなど広葉樹の倒木、切り株上に発生する。白色腐朽菌

☆シスチジアの先は長円錐形で、表面に結晶が付着する。

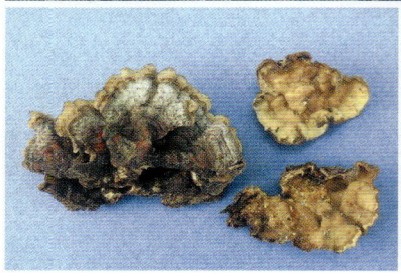

チウロコタケ　左下・右下＝いずれも東京都八王子市、9月。左下は径5cm。右下は奥行き2cm。

モミジウロコタケ　上＝東京都武蔵村山市、10月、全幅15cm。

モミジウロコタケ（紅葉鱗茸）
ウロコタケ科カタウロコタケ属
Xylobolus spectabilis (Klotz) Boidin

🔶**子実体**：半背着型で小型。🔶**傘**：背着部分の上部が反転し、棚状に張り出して、縁が切れこむ波形に湾曲した傘となる。色は橙褐色で周辺は淡色、絹糸状光沢がある。表面は平滑で、基部に粗毛がある。肉は淡黄色で、強靱な革質。🔶**子実層托**：背着部分および傘の裏にあり、平担。色は黄色で、傷つけると赤い液がにじむ。🔶**胞子**：楕円形、やや小型で、表面は平滑。無色。🔶**発生**：夏から秋に、コナラ、クヌギなど、広葉樹の倒木、切り株上に重生する。白色腐朽菌。

チウロコタケ（血鱗茸）
ウロコタケ科キウロコタケ属
Stereum gausapatum Fr.: Fr.

前種モミジウロコタケに似るが、本種の傘には切れこみがなく、波うち、表面は粗毛でおおわれる。

チャウロコタケ　いずれも東京都小平市。下＝3月、径2.5cm。右上＝子実層托は平坦。8月、径3cm。

チャウロコタケ（茶鱗茸）

ウロコタケ科キウロコタケ属
S. ostrea (Bl. & Nees) Fr.

◆子実体：側着型で小型。　◆傘：半円形または団扇形。表面は、灰白色の短毛が密生する部分と褐色で光沢のある無毛部分が、交互に並んで環紋をなし、基部には粗毛がある。肉は淡褐色、革質できわめて薄い。　◆子実層托：平担で淡褐色。幼時傷つけると無色の液を分泌する。　◆胞子：紡錘形、小型で、表面は平滑。無色。

◆発生：夏から秋に、コナラなどの広葉樹の倒木や落ち枝などに多数重生する。白色腐朽菌。

☆きのこの裏から見ると、表の環紋が透けて見えるほどに薄い。

シワタケ　下＝東京都武蔵村山市、10月、径5cm。左上＝傘の表面（上側）は白い軟毛におおわれ、裏（下側）は角形の網目。

シワタケ（皺茸）

シワタケ科シワウロコタケ属
Phlebia tremellosa (Schrad.: Fr.) Nakasone & Burdsall

◆**子実体**：半背着型で小型。

◆**傘**：背着部分の上部が反転し、棚状に張り出して傘となる。表面は白い軟毛でおおわれ毛皮状。肉は湿っているとき半透明のゼラチン質で、乾燥すると白い軟骨質になる。

◆**子実層托**：背着部分および傘の裏にある浅い孔。孔口は角張った大きな網目だが、縁が鋸歯状なのでハリのように、また放射状に並ぶため、シワのようにも見える。色は幼時白から肌色になり、ついには橙褐色となる。

◆**胞子**：長楕円形、小型で、表面は平滑。無色。

◆**発生**：春から秋に、広葉樹の倒木、切り株上に重生する。白色腐朽菌。

☆幼時は、傘も孔も透き通るような白色で美しい。

カンゾウタケ　上＝東京都文京区、6月、径15cm。左下＝断面は霜降り肉のように見える。東京都千代田区、5月、径16cm。右下＝東京都千代田区、5月、径10cm。

カンゾウタケ（肝臓茸）
カンゾウタケ科カンゾウタケ属
Fistulina hepatica Schaeff.: Fr.

◆子実体∷側着型または有柄型。

◆傘∷幼時塊形から楔形、へら形、舌形などになり、木の洞から発生すると有柄になる。色は鮮赤色から赤褐色になり、表面には微粒や放射状の皺(しわ)がある。肉は白いが、切断面は、赤い液がにじみ出して霜降り模様となり、柔軟で弾力がある。

◆子実層托∷管孔は個々に分離でき、短い。孔口は円形で小さく、黄白色から赤みを帯び、傷つけると赤変する。

◆味・におい∷酸味がある。無臭。

◆胞子∷広楕円形、小型で、表面は平滑。胞子紋は黄土色。

◆発生∷春に、スダジイ、シラカシなどの古木の根際に発生する。褐色腐朽菌。

◆食毒等∷弾力のある食感と酸味を生かし、酢の物や酢豚の具にする。厚くスライスしてソテーすると、ステーキそっくりになるが、味は異なる。

☆東京の公園にはスダジイの古木が多くあり、時期を選んで探すと、大物に出会うことができる。

アオロウジ　埼玉県東松山市、9月、径5cm。

アオロウジ（青老人）

ニンギョウタケモドキ科ニンギョウタケモドキ属
Albatrellus caeruleoporus (Peck) Pouzar

◆子実体‥ハラタケ類型で、中型から大型。

◆傘‥幼時丸山形から漏斗形となる。縁は波うち、永く内巻き。色は淡青色から青色になり、さらに褐色を帯びる。表面は幼時微毛でおおわれ粉状後平滑。肉は淡橙黄色で、硬くしまる。

◆子実層托‥管孔は短く、柄に垂生する。孔口は円形で、やや小さく、淡青色から淡橙黄色になる。◆柄‥やや偏心生で、太短く、中実。色は傘または孔面と同色で、表面は傘と同様。肉は淡橙黄色で硬い。

◆味・におい‥やや苦味がある。無臭。◆胞子‥類球形、小型で、表面は平滑。胞子紋は白。

◆発生‥夏から秋に、マツの樹下や雑木林の地上に発生する。外生菌根菌。

◆食毒等‥酢の物で食感を、つけ焼きで苦みを味わう。

センベイタケ　下＝東京都練馬区、6月、径6cm。右上＝裏面は傷つけると紫変する。東京都文京区、6月、径5cm。

センベイタケ（煎餅茸）

タコウキン科センベイタケ属
Coriolopsis strumosa (Fr.) Ryvarden

◆子実体‥半背着型で中型。

◆傘‥半円形、扁平で、縁は薄い。色は湿っているとき濃褐色、乾燥すると黄褐色で、色の濃淡による細い環紋がある。表面には幼時微毛がありビロード状だが、微毛は早期に脱落して平滑となり、放射状の皺と疣状の凸凹がある。肉は褐色で、硬い革質。

◆子実層托‥管孔は短い。孔口は円形で、小さく、色は淡紫褐色で、傷つけると濃紫色になる。

◆胞子‥長楕円形、中型で、表面は平滑。無色。

◆発生‥夏から秋に、各種広葉樹の倒木や落ち枝などに発生する。白色腐朽菌。

☆公園では、剪定した枝の集積所などに群生していることがある。

アミヒラタケ　下＝東京都調布市、5月、径20cm。左上＝孔口が放射状に並ぶ。

アミヒラタケ（網平茸）
タコウキン科タマチョレイタケ属
Polyporus squamosus Fr.

◆子実体：有柄型で大型。◆傘：半円形または団扇形で、断面は基部が厚く縁は薄い楔形。色は淡黄褐色で、表面には黒褐色、大形の圧着した鱗片が放射状に並ぶ。肉は白く、強靱な革質だが、しだいに脆くなる。◆子実層托：管孔は短く、柄に垂生し、一部柄にも続く。孔口は楕円形で、やや大きく、放射状に並び、色は白い。◆柄：側生で短く、下方に太まり、中実。色は淡色だが基部近くは黒い。肉は白く硬い。◆胞子：長楕円形、大型で、表面は平滑。無色。

◆発生：夏から秋に、広葉樹の枯れ木、倒木、切り株などに単生ときに重生する。白色腐朽菌。

ハチノスタケ 左下＝東京都八王子市、7月、径6cm。　　アミスギタケ 左上・右下＝いずれも東京都八王子市、5月、径4cm。右上＝東京都杉並区、6月、径4cm。

アミスギタケ（網杉茸）
タコウキン科タマチョレイタケ属
P. arcularius Batsch.: Fr.

◆子実体：ハラタケ類型で小型。◆傘：幼時中央がくぼむ皿形から、漏斗形となるが、縁は永く内巻き。色は淡黄褐色で、表面には褐色のささくれ状鱗片が放射状に密布する。肉は白く、強靭な革質。◆子実層托：管孔は短く、柄に長く垂生する。孔口は楕円形で大きく、放射状に並び、クリーム色。◆柄：中心生、上下同径で、中実。色は傘と同色で、表面には鱗片がある。肉は強靭な革質。◆胞子：長紡錘形、中型で、表面は平滑。無色。◆発生：通年で、広葉樹の倒木や切り株上に重生する。白色腐朽菌。

ハチノスタケ（蜂巣茸）
タコウキン科タマチョレイタケ属
P. alveolarius (DC.: Fr.) Bond. & Sing.

前種アミスギタケに似るが、本種の子実体は有柄型。傘は平らで、柄が側生し、孔口が顕著なハチの巣状に並ぶ。

スジウチワタケモドキ　上＝東京都中央区、9月、径10cm。右下＝東京都目黒区、7月、径18cm。

スジウチワタケモドキ（筋団扇茸擬）

タコウキン科タマチョレイタケ属
Polyporus emerici Cooke

◆**子実体**：有柄型で、中型から大型。団扇形または半円形から、浅い漏斗状になる。縁は薄く、波うち、切れこみがある。色は白からしだいに淡褐色となり、表面には放射状の繊維紋がある。肉は白く強靭な革質。◆**子実層托**：管孔は短い。孔口は多角形で小さく、色は白い。◆**柄**：側生で短く、下方に太まり、中実。色は傘と同色。肉は白く、硬い。◆**胞子**：長楕円形、やや小型で、表面は平滑。無色。◆**発生**：夏から秋に、各種広葉樹の枯れ木、倒木、切り株などに発生する。白色腐朽菌

ウチワタケ　左下＝東京都中央区、9月、径5cm。

ツヤウチワタケ　上＝埼玉県川越市、6月、径3.5cm。右下＝東京都八王子市、10月、径3cm。

ツヤウチワタケ（艶団扇茸）

タコウキン科ツヤウチワタケ属
Microporus vernicipes (Berk.) Kuntze

◆子実体：有柄型で小型。

◆傘：円形または団扇形。縁は波うち、切れこみがある。色は白、黄褐色、暗褐色などで、色の濃淡による環紋があり、全面に光沢がある。表面には放射状の皺がある。肉は類白色、革質で薄い。

◆子実層托：管孔はきわめて短い。孔口は円形で、きわめて小さく、色は白い。

◆柄：側生で短く、基部は吸盤状。傘と同様で、表面は平滑。肉は硬い革質。

◆胞子：円柱形、小型で、表面は平滑。無色。

◆発生：夏から秋に、広葉樹の枯れ木や落ち枝に重生する。白色腐朽菌。

ウチワタケ（団扇茸）

タコウキン科ツヤウチワタケ属
M. affinis (Blume & Nees: Fr.) Kuntze

前種ツヤウチワタケより大きく、傘は半円形または円形で、前種より厚みがあり、表面は微毛でおおわれる。

ヒトクチタケ　下＝埼玉県川越市、7月、径3cm。左上＝東京都八王子市、10月、径3.5cm。

ヒトクチタケ（一口茸）

タコウキン科ヒトクチタケ属
Cryptoporus volvatus (Peck) Shear

◆**子実体**：側着型で小型。

◆**傘**：半円形で厚みがあり、蛤形。色は黄白色から濃褐色になるが、ニス状光沢があるので栗の厚皮状。表面は平滑で、弱い粘性がある。肉は類白色で、硬い革質。

◆**子実層托**：管孔は短い。孔口は円形で小さく、色は灰白色。子実層托は、幼時淡黄褐色の革質の膜でおおわれて見えないが、基部近くに孔が開き、虫が出入りして子実層を食べ胞子を運ぶ。

◆**味・におい**：無味。強い松脂臭がある。やや大型で、表面は平滑。胞子紋は白。

◆**胞子**：紡錘形、

◆**発生**：通年で、枯死して間がないマツの樹幹に発生する。白色腐朽菌。

☆きのこは、マツの材中で育った穿孔虫の幼虫が、樹皮を破って出た穴から発生する。

ニクウチワタケ 上＝東京都八王子市、6月、傘1枚の径10cm。左下＝埼玉県東松山市、7月、株の径20cm。右下＝孔口が迷路状。

ニクウチワタケ（肉団扇茸）

タコウキン科ニクウチワタケ属
Abortiporus biennis (Bull.:Fr) Sing.

◆ 子実体：有柄型またはハラタケ類型で、中型から大型。

◆ 傘：半円形、団扇形、漏斗形などで、縁は薄く、ときに重生して八重咲き状になる。色は淡黄色から帯赤褐色となるが、縁近くは淡色。表面には放射状の鱗片と皺（しわ）がある。肉は淡黄褐色で革質。

◆ 子実層托：管孔は白く、赤変する。孔口は不定形または迷路状で疎。色は白く、赤変する。

柄：偏心生または中心生で短く、下方に細まり、中実。色は濃褐色で、表面はフェルト状。肉は柔軟な革質。

◆ 胞子：楕円形、小型で、表面は平滑。無色。

◆ 発生：夏から秋に、広葉樹の切り株や地中の材などから発生する。白色腐朽菌。

マイタケ 下＝街路樹のスダジイの根際に発生していた。東京都中野区、10月、株の径15cm。左上＝埼玉県東松山市、9月、株の径25cm。

マイタケ（舞茸）

タコウキン科マイタケ属
Grifola frondosa (Dicks.: Fr.) Gray

◆子実体‥ハナビラタケ形で大型、ときにきわめて大型となる。

◆傘‥柄が多数に枝分かれし、その先にへら形、扇形などの傘を幾重にも生じる。色は灰褐色または濃褐色で、環紋があり、表面には放射状の繊維紋がある。肉は白く柔軟。

◆子実層托‥管孔は短く、柄に垂生する。孔口は円形で小さく、色は白い。

◆柄‥太短く、基部から分岐する。色は白く、表面は平滑。肉は白く繊維質。

◆味・におい‥無味。芳香がある。無色。

◆胞子‥楕円形、やや小型で、表面は平滑。

◆発生‥秋に、スダジイ、コナラなどの広葉樹の根際に束生する。白色腐朽菌。

◆食毒等‥煮物、汁物、炊き込みご飯など、食感と香りを活かした和風料理に合う。

☆最近では、都会でも、街路樹などに発生が見られる。栽培品の品質も向上し、広く利用されている。

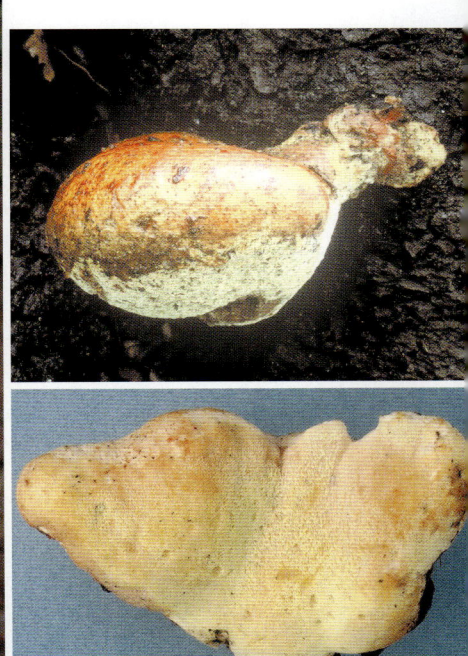

ヒラフスベ　左＝東京都八王子市、6月、径12cm。右上＝老菌。東京都文京区、6月、径10cm。右下＝きのこの裏には不完全な管孔がある。

ヒラフスベ（平賛）

タコウキン科マスタケ属
Laetiporus versisporus (Lloyd) Imazeki

◆ **子実体**：側着型、ときに有柄型で、大型。

◆ **傘**：幼時球形または塊形から、贅（瘤）形や厚みのある半円形となる。色は黄白色から鮮黄色、つ␣いには暗赤褐色となる。表面には、大きい凸凹がある。肉は白く、弾力があるが、後に黒褐色の粉状となる。ときに子実層托をつくらないこともある。

◆ **子実層托**：浅い迷路状の管孔を生じ色は淡鮮黄色。

◆ **味・におい**：無味。無臭。

◆ **厚壁胞子**：子実体内部の菌糸から厚壁胞子をつくる。厚壁胞子は類球形、中型で、表面は平滑。胞子紋は褐色。

◆ **発生**：初夏に、スダジイ、シラカシなどの広葉樹の生木や枯れ木の樹幹に発生する。

◆ **食毒等**：写真では一見食べられそうに見えるが、食不適。

☆繁殖は、主として厚壁胞子により行われる。（32ページ参照）

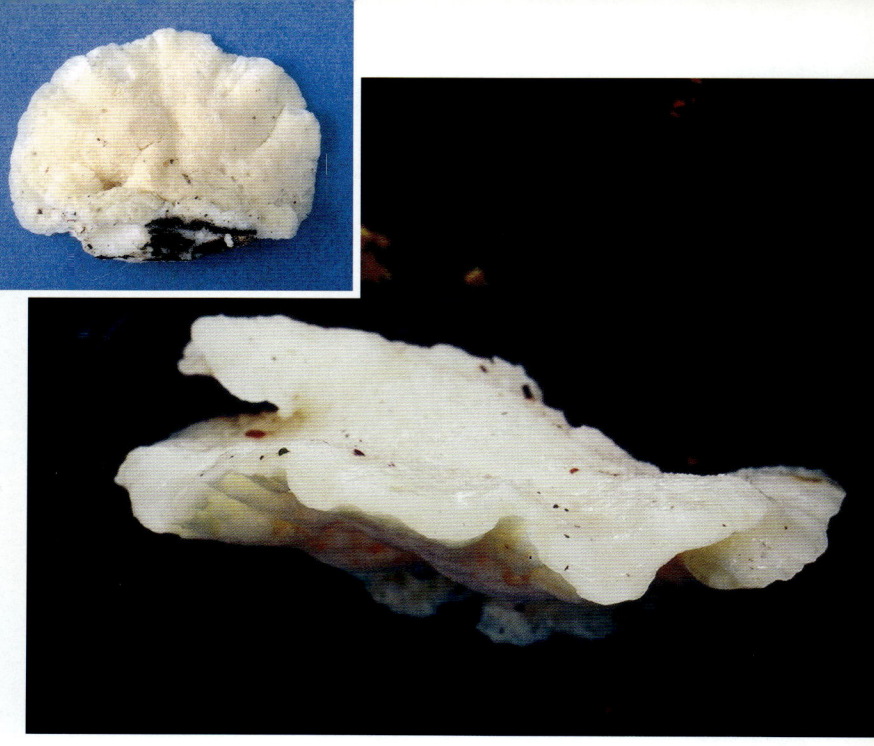

オシロイタケ 下＝東京都多摩市、10月、径8cm。左上＝きのこの裏の細かい孔口。

オシロイタケ（白粉茸）

タコウキン科オシロイタケ属
Tyromyces chioneus (Fr.) P. Karst

- 子実体：側着型で、小型から中型。 傘：半円形または円形で、断面は基部が厚く縁は薄い楔形。縁は波うつ。色は白く、表面は平滑またはフェルト状。肉は白く、湿っているときは多量の水分を含むスポンジ状で、乾燥すると麩のように軽くなる。
- 子実層托：管孔は長い。孔口は円形で小さく、色は白い。
- 味・におい：酸味がある。無臭。
- 胞子：円柱形、小型で、表面は平滑。無色。
- 発生：夏から秋に、針葉樹、広葉樹の枯れ木、切り株、倒木などに発生する。白色腐朽菌。
- 食毒等：肉が革質で、食不適。

ニッケイタケ　下＝東京都多摩市、9月、径4cm。右上＝千葉県風土記の丘、7月、径5cm。

ニッケイタケ（肉桂茸）

タコウキン科オツネンタケ属
Coltricia cinnamomea (Jacq.) Murrill

◆子実体‥ハラタケ類型で小型。◆傘‥中央がくぼむ皿形で、縁は波うち、細かい切れこみがある。色は黄褐色、肉桂色などで、色の濃淡による環紋があり、全面に絹糸状光沢がある。表面には放射状の繊維紋と皺がある。肉は黄褐色、強靭な革質で薄い。◆子実層托‥管孔は短く、柄に直生する。孔口は多角形でやや大きい。色は黄褐色から肉桂色となり、縁は鋸歯状。◆柄‥中心生で、下方に細まり、中実。色は黒褐色で、表面はビロード状。肉は硬い木質。◆胞子‥楕円形、やや小型で、表面は平滑。色は淡黄褐色。

◆発生‥夏から秋に、林内や道端の地上に散生する。白色腐朽菌。

☆和名のニッケイタケは、傘の色が「肉桂」の根の色に似ることによる。

ヒイロタケ　左上＝東京都多摩市、9月、径6cm。左下＝傘の裏（下）は表（上）より鮮やかな緋色。東京都文京区、6月、径5cm。右＝東京都八王子市、9月、径6cm。

ヒイロタケ（緋色茸）

タコウキン科ヒイロタケ属
Pycnoporus coccineus (Fr.) Bond. & Sing.

◆**子実体**：側着型、ときに有柄型で、小型から中型。

◆**傘**：半円形または貝殻形で、基物の上側に発生すると円形で有柄となる。扁平で縁は薄い。色は鮮やかな緋色だが、後に退色する。表面は無毛で、凸凹による不鮮明な環紋がある。肉は淡緋色で、硬い革質。

◆**子実層托**：管孔は短い。孔口はきわめて小さく、色は永く緋色。形、小型で、表面は平滑。無色。

◆**発生**：通年で、サクラなどの広葉樹の生木、枯れ木、落ち枝、倒木などに重生する。白色腐朽菌。

☆鮮やかな緋色で、幹から枝へ一面に発生し、遠目にもそれとわかる。

192

ホウロクタケ　下＝埼玉県東松山市、9月、径10cm。右上＝傘の表（右側）にはペンキをたらしたような突起、裏（左側）には孔口が整然と並ぶ。

ホウロクタケ（焙烙茸）

タコウキン科ホウロクタケ属
Daedalea dickinsii Yasuda

◆**子実体**：側着型で、中型から大型。形で、扁平または断面が楔形。縁はやや厚い。◆**傘**：半円形は淡褐色、灰褐色、黄土色など。表面は無毛で、基部付近にペンキをたらしたような疣状の突起があり、縁近くには凸凹による環紋がある。肉は淡褐色でコルク質。◆**子実層托**：管孔はやや長い。孔口は円形で小さく、整然と並び、孔壁は厚い。色は淡褐色。◆**胞子**：紡錘形、小型で、表面は平滑。無色。

◆**発生**：夏から秋に、広葉樹の枯れ木、切り株、倒木などに発生する。褐色腐朽菌。

☆和名のホウロクタケの「焙烙」は、素焼きの浅い鍋のことで、きのこの色や形が似ていることによる。

☆褐色腐朽菌は、材中のセルロースを分解するキノコで、分解された材は褐色になる。

オオチリメンタケ 左下＝東京都八王子市、10月、径8cm。

チリメンタケ 上・右下＝いずれも東京都中央区、9月、径12cm。右下＝傘の表面が無毛で、裏面は孔口が迷路状。

チリメンタケ（縮緬茸）

タコウキン科シロアミタケ属
Trametes elegans (Spreng.: Fr.) Fr.

◆ **子実体**：側着型で、中型から大型。◆ **傘**：半円形、扁平で、縁は薄い。色は白または淡褐色。表面は無毛で、凸凹による環紋と放射状の皺がある。肉は類白色で、硬い革質。孔口は迷路状で、淡褐色。◆ **子実層托**：管孔はやや長い。形、小型で、表面は平滑。無色。◆ **胞子**：円柱形。

◆ **発生**：通年で、広葉樹の切り株や倒木などに発生する。白色腐朽菌。

☆和名のチリメンの「縮緬」は、孔口面の形状が縮緬の表面に似ることによる。

オオチリメンタケ（大縮緬茸）

タコウキン科シロアミタケ属
T. gibbosa (Pers.) Fr.

前種チリメンタケに似るが、本種の傘は前種より厚く、表面が微毛におおわれ、孔口は放射状で縦長に並ぶ。

クジラタケ　上＝東京都千代田区、11月、径8cm。右下＝東京都中央区、3月、径10cm。

クジラタケ（鯨茸）

タコウキン科シロアミタケ属
T. orientalis (Yasuda) Imazeki

◆子実体：側着型で、中型から大型。形または棚状につらなり、扁平で縁は厚い。色は灰褐色または淡褐色。表面は無毛で、凸凹による環紋と放射状の皺がある。肉は類白色で、硬いコルク質。

◆子実層托：管孔は短い。孔口は多角形で小さく、整然と並び、色は白から淡褐色になる。

◆胞子：円柱形、やや小型で、表面は平滑。無色。

◆発生：通年で、広葉樹の切り株や倒木などに重生する。白色腐朽菌。

アラゲカワラタケ 左上＝東京都中央区、3月、径4cm。左下＝東京都新宿区、9月、径5cm。

カワラタケ 右上＝埼玉県東松山市、9月、径3cm。右下＝東京都八王子市、2月、裏返した傘の径4cm。

カワラタケ（瓦茸）
タコウキン科カワラタケ属
Coriolus versicolor (L.:Fr.) Quél.

◆**子実体**：側着型で小型。◆**傘**：半円形、団扇形、扁平で、縁は薄い。色は灰色、藍色、褐色など変化に富み、色の違いによる明瞭な環紋がある。表面は微毛でおおわれビロード状。肉は類白色、革質できわめて薄い。◆**子実層托**：管孔は短い。孔口は円形で、きわめて小さく平坦のように見え、色は白い。◆**胞子**：円柱形、小型で、表面は平滑。無色。

◆**発生**：通年で、針葉樹、広葉樹の枯れ木や切り株に重生する。白色腐朽菌。

☆本種より制癌剤クレスチンが商品化されている。

アラゲカワラタケ（粗毛瓦茸）
タコウキン科カワラタケ属
C. hirsutus (Wulf.: Fr.) Quél.

前種カワラタケに似るが、本種の傘の表面は粗毛でおおわれ、孔口が前種より大きい。

ニクウスバタケ　いずれも東京都調布市、10月。左下＝裏面。右上＝径1.5cm。右下＝全幅8cm。

ニクウスバタケ（肉薄褶茸）

タコウキン科カワラタケ属
C. brevis (Berk) Aoshima

◆ **子実体**：半背着型で小型。

◆ **傘**：半円形、円形、へら形などで、棚状につらなり、周辺は淡色。縁に切れこみがある。色は淡橙色で、表面には濃橙色の短毛があり、短毛の粗密による環紋と、放射状の繊維紋がある。肉は黄白色、革質できわめて薄い。

◆ **子実層托**：薄歯状で、縁が鋸歯(きょし)状。色は淡橙色。

◆ **胞子**：楕円形、小型で、表面は平滑。無色。

◆ **発生**：通年で、広葉樹の倒木や枯れ木、切り株などに重生する。白色腐朽菌。

☆薄歯状の子実層托は、管孔またはヒダの壁が裂けたもので、本種は、縁が鋸歯状なのでハリのようにも見える。

ミダレアミタケ　左上＝緑藻がついて緑色を帯びる。東京都杉並区、4月、径5cm。左下＝東京都千代田区、7月、径3cm。右＝東京都新宿区、7月、径4cm。

ミダレアミタケ（乱網茸）

タコウキン科ミダレアミタケ属
Cerrena unicolor (Bull.: Fr.) Murril

◆子実体：半背着型で小型。

◆傘：半円形または貝殻形、扁平で、縁は薄い。色は灰褐色、灰色で、多数のせまい環紋があり、周辺は白い。表面は短毛でおおわれビロード状。肉は硬い革質で薄い。

◆子実層托：管孔は短い。孔口はやや大きく、迷路状で、縁が鋸歯状。色は白から灰色になる。

◆胞子：楕円形、小型で、表面は平滑。無色。

◆発生：通年で、ハンノキなど広葉樹の枯れ木や切り株などに重生する。白色腐朽菌

☆傘の色や形がカワラタケに似るが、本種の孔口は縁が鋸歯状。

カイガラタケ（貝殻茸）

タコウキン科カイガラタケ属
Lenzites betulina (L.: Fr.) Fr.

◆子実体：側着型で、小型から中型。

◆傘：半円形または貝殻形、扁平で、縁は薄い。色は黄褐色、明褐色、灰褐色などで、細かい環紋があり、表面

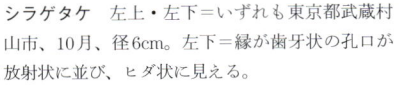

シラゲタケ　左上・左下＝いずれも東京都武蔵村山市、10月、径6cm。左下＝縁が歯牙状の孔口が放射状に並び、ヒダ状に見える。

カイガラタケ　右上＝埼玉県東松山市、9月、径8cm。右下＝東京都世田谷区、10月、径7cm。

シラゲタケ（白毛茸）

タコウキン科シハイタケ属
Trichaptum byssogenum (Jungh) Ryvarden

◆**子実体**：半背着型で中型。

◆**傘**：半円形または棚状につらなり、扁平で、縁は薄い。色は灰褐色、淡紫褐色などで、表面には、白い微毛でおおわれた褐色の剛毛が密生し、剛毛の疎密による環紋がある。肉は淡灰褐色、革質で薄い。

◆**子実層托**：管孔は短い。孔口は基部で大きく、縁へ行くほど小さくなり、角形で放射状に並ぶ。縁は鋸歯（きょし）状。色は紫褐色。

◆**胞子**：楕円形、やや小型で、表面は平滑。無色。

◆**発生**：通年で、コナラなどの広葉樹の枯れ木や倒木に発生する。白色腐朽菌。

は短毛でおおわれ、ビロード状。肉は柔軟な革質。

◆**子実層托**：ヒダ状で幅せまく、やや疎で、分岐する。色は白または黄白色。

◆**胞子**：長楕円形、小型で、表面は平滑。無色。

◆**発生**：夏から秋に、針葉樹、広葉樹の枯れ木、朽ちた切り株、倒木などに重生する。白色腐朽菌。

ヒメモグサタケ　左下＝東京都中央区、3月、裏返したきのこの径5cm。

ヤケイロタケ　上＝東京都渋谷区、6月、裏返したきのこの径4cm。右下＝東京都中央区、9月、中央のきのこの径5cm。

ヤケイロタケ（焼色茸）

タコウキン科ヤケイロタケ属
Bjerkandera adusta (Willd.: Fr.) P. Karst.

◆**子実体**：半背着型で小型。◆**傘**：棚状に重生し、縁は薄い。色は淡灰褐色で、濃淡による環紋がある。表面は白い微毛でおおわれ、放射状の繊維紋がある。肉は類白色、革質で薄い。◆**子実層托**：管孔は短い。孔口は円形で小さく、色は灰色だが傷つけると黒変し、しだいに全体が黒ずんでくる。◆**胞子**：楕円形、小型で、表面は平滑。無色。◆**発生**：夏から秋に、コナラなどの広葉樹の腐朽した切り株や倒木に重生する。白色腐朽菌。

☆和名のヤケイロタケの「焼色」は、孔口が黒変したり、古くなると焼けたような色になることによる。

ヒメモグサタケ（姫艾茸）

タコウキン科ヤケイロタケ属
B. fumosa (Pers.: Fr.) P. Karst.

前種ヤケイロタケに似るが、本種は、傘の縁が厚く、環紋が不明瞭で、微毛を帯びない。

レンガタケ　いずれも東京都八王子市、6月、径12cm。右上＝子実層托（右側）は白い。

レンガタケ（煉瓦茸）

タコウキン科マツノネクチタケ属
Heterobasidion insulare (Murrill) Ryvarden

◆ **子実体**：半背着型または側着型で、中型。◆

◆ **傘**：半円形または棚状につらなり、断面は基部が厚く、縁は薄い楔形。色は黄白色から赤褐色になるが、縁部は淡色で、ニス状光沢がある。表面には、放射状の皺と凹凸があり、細い溝状の環紋がある。肉は白く、硬い木質。 ◆ **子実層托**：管孔は長い。孔口は円形で、ときに迷路状。色は白い。

◆ **胞子**：広楕円形、小型で、表面は細かい刺でおおわれる。無色。

◆ **発生**：通年で、マツやモミなどの針葉樹の根際や切り株などに発生する。白色腐朽菌

チャカイガラタケ　上＝東京都小平市、4月、径6cm。左下＝子実層托は濃褐色でヒダ状。

チャカイガラタケ（茶貝殻茸）

Daedaleopsis tricolor (Bull. Fr.) Bond. & Sing.
タコウキン科チャミダレアミタケ属

◆子実体‥側着型で小型。◆傘‥半円形、扁平で、縁は薄い。色は灰褐色、赤褐色、紫褐色などで、色の違いによる多数のせまい環紋があり、表面には放射状の皺（しわ）がある。肉は類白色で、硬い革質。
◆子実層托‥ヒダは幅広く疎で、縁が鋸歯（きょし）状。色は灰白色から黒褐色になる。◆胞子‥円柱形、中型で、表面は平滑。無色。
◆発生‥通年で、サクラなどの広葉樹の朽ちた切り株や倒木などに重生する。白色腐朽菌。

エゴノキタケ　上＝東京都渋谷区、9月、径4cm。左下＝東京都八王子市、10月、径3cm。右下＝背着部分にもヒダ状の子実層托がある。

エゴノキタケ（エゴノキ茸）

タコウキン科チャミダレアミタケ属
D. styracina (P. Henn. & Shirai) Imazeki

◆子実体：半背着型で小型。◆傘：半円形または棚状につらなり、背着部分が多い。色は赤褐色、黒褐色などで、色の違いによる多数のせまい環紋があり、表面には放射状の皺がある。肉は薄く、類白色で、硬い革質。◆子実層托：ヒダは幅広く疎。迷路状で背着部分にも続く。色は白い。◆胞子：円柱形、やや小型で、表面は平滑。無色。

◆発生：初夏から秋に、特異的にエゴノキの枯れ木、落ち枝などに重生する。白色腐朽菌。

ベッコウタケ 上＝横浜市中区、6月、径15cm。下＝幼菌は淡黄色の塊形。東京都中央区、5月、全幅30cm。

ベッコウタケ（鼈甲茸）

タコウキン科ウスキアナタケ属
Perenniporia fraxinea (Bull.:Fr.) Ryvarden

◆ **子実体**：側着型で大型。

◆ **傘**：幼時半球形または塊形から、水平に張り出し、厚い半円形となる。色は淡黄色から赤褐色となるが、縁は常に黄色で、ニス状光沢があり、色の濃淡による不鮮明な環紋がある。表面には凸凹があり、周辺には環状の溝がある。肉は黄褐色で、コルク質。 ◆ **子実層托**：管孔は短い。孔口は円形できわめて小さく、色は淡黄色から灰褐色となる。表面は平滑。無色。 ◆ **胞子**：類球形、小型

◆ **発生**：初夏から夏に、広葉樹、特にサクラの生木や枯れ木の根際に発生し、ときに重生する。白色腐朽菌。

☆公園などでは、コフキサルノコシカケと並んで多く見られる大型のきのこである。

ホウネンタケ　いずれも東京都世田谷区、10月。下＝径15cm。右上＝幼菌、径8cm。

ホウネンタケ（豊年茸）

タコウキン科ホウネンタケ属
Loweporus pubertatis (Lloyd) T. Hattori

◆子実体：半背着型で中型。

◆傘：半円形、扁平または馬蹄形で、背着部分が多い。色は幼時淡紫褐色から濃紫褐色になり、環紋は不鮮明。表面には同心円状の隆起がある。肉は暗紫褐色で、硬い木質。

◆子実層托：管孔は短いが、齢を経たものは多層となる。孔口は円形で小さく、淡ワイン色から濃紫褐色となる。表面は平滑。色は黄褐色。

◆胞子：楕円形、小型で、

◆発生：通年で、コナラなど広葉樹の枯れ木の樹幹や倒木などに発生する。白色腐朽菌。

マンネンタケ 上＝東京都調布市、9月、径8cm。左下＝東京都武蔵村山市、9月、径10cm。右下＝幼菌。東京都多摩市、7月、手前の傘の径4cm。

マンネンタケ（万年茸）

マンネンタケ科マンネンタケ属
Ganoderma lucidum (W. Curtis: Fr.) P. Karst.

◆子実体：有柄型で中型。◆傘：幼時棍棒形から、先が開いて貝殻形になる。色は鮮黄色から赤褐色になり、ニス状光沢がある。表面には凸凹があり、細い環紋をなす。肉は硬い木質。◆子実層托：管孔は短く、柄に直生する。孔口は円形できわめて小さく、中実。色は類白色から鮮黄色になる。◆柄：側生で細長く、中実。色は濃褐色でニス状光沢があり、表面には凸凹がある。肉は硬い木質。二重壁の楕円形、中型で、表面は平滑。胞子紋は褐色。◆発生：通年で、コナラ、シラカシなど広葉樹の根際や切り株上に単生または群生する。白色腐朽菌。

☆三枝姓の家紋として知られる「三階松」は三つに枝分かれしたマンネンタケを図案化したものといわれる。

コフキサルノコシカケ　下＝東京都練馬区、9月、径18cm。左上＝幼菌。東京都千代田区、6月、径6cm。

コフキサルノコシカケ（粉吹猿腰掛）

マンネンタケ科マンネンタケ属
G. applanatum (Pers.) Pat.

◆子実体‥側着型または半背着型で、大型からきわめて大型。

◆傘‥幼時半球形または塊形から、馬蹄形や厚い半円形となる。色は乳白色から灰白色または灰褐色となるが、胞子が堆積して褐色に見える。表面は齢を経るにしたがい深い環溝の数が増す。肉は褐色で、硬い木質。

◆子実層托‥管孔は多層で長い。孔口は円形で小さく、乳白色から黄白色になり、傷つけると褐変する。

◆胞子‥二重壁の楕円形、やや小型で、表面は平滑。胞子紋は褐色。

◆発生‥通年で、イチョウ、サクラ、シイなどの生木、枯れ木の樹幹上に発生する。白色腐朽菌。

☆公園の古木などによく見かけ、多年生なので、なかには径が50cmを超えるほどになるものもある。

自然の造形、きのこの形を楽しむ

土井 甲太郎

ハラタケ類のきのこは、傘、ヒダ(褶)、柄という基本形に、ものによっては、ツバ(鍔)とツボ(壺)のおまけがついている。それに対して、サルノコシカケ類の多くは傘だけ。潔く裏と表だけで、陽のあたる世界にきのこ(子実体)を出現させてくる。しかし、その裏と表に現れる自然の造形の多彩さに、いつも目を見張らされている。

漆喰か、白いペンキでも塗りつけられたような枯れ木をよく見かける。これらの多くは、コウヤクタケ科のキノコで、この子実層のみを外界にさらすもっとも単純な形を「背着生」というが、なかには縁の一部が反り返るものもある。これが傘と呼べるような形になったものを「半背着生」といい、子実層托は背着部分から傘の裏へとつらなっている。背着部分がない「側着生」では、子実層托が傘の裏だけになる。さらに表裏の面積比率が逆転すると、「馬蹄形」「釣鐘形」などと称される。一方、柄を持つものもあり、側生の幼子実形と中心生のハラタケ類型がある。傘の表面は、変化のない平板から、瘤状の凸凹。絹やべ

ルベットを思わせる微毛。ほ乳類を思わせる毛むくじゃら。タワシのような剛毛。これら凸凹や毛の疎密、さらにさまざまな色彩の組み合わせが環紋を現す。

子実層托は、平坦、シワ(皺)、ヒダ(褶)、イボ(疣)、ハリ(針)、孔(管孔)などがあり、これまた多彩で、見ていて飽きることがない。それぞれにバリエーションがあり、ヒダなら分岐したり迷路状になったり、同心円状に並ぶものもある。孔にも、針で適当に突いたようなものから、孔口が整然と並んでいるもの、蜂の巣状のものなどがあり、孔縁がギザギザの鋸歯状、それが分離して薄歯状になるものもある。これらはすべて子実層の表面積を増すことにつながっている。たとえ見かけの表裏の面積比率が逆転しても、深く穿たれた無数の孔により、子実層の表面積は逆転しない。一見単純なサルノコシカケ類のキノコだが、少しでも多くの子孫を残すべく、工夫をしているのだ。

ハラタケ類は形のうえで完成され、安定を感じさせるが、サルノコシカケ類は、未完で、不安定で、混沌としている。こんなキノコのどこがおもしろいのかといえば、そこには、完成品にない生命力を感じ、いつも想像力をかきたてられるからである。

サジタケ　下＝東京都八王子市、7月、径10cm。左上＝有柄のもの（右側）は匙形やへら形となり、裏面（左側）の孔口はきわめて小さい。

サジタケ（匙茸）

別名　シャクシタケ（杓子茸）
タバコウロコタケ科カワウソタケ属
Inonotus saccuariesta (Lloyd) T. Hattori

◆**子実体**：有柄型または側着型で、大型。有柄の場合は匙形となる。

◆**傘**：円形または半円形で、扁平で厚みがある。色は黄褐色から褐色になるが、周辺はつねに黄色で、色の濃淡による不鮮明な環紋がある。表面は微毛でおおわれ、皺と凸凹がある。肉は黄褐色で、硬い木質。

◆**子実層托**：管孔は短い。孔口はきわめて小さく、色は黄色から灰褐色となる。表面は平滑。無色。

◆**胞子**：類球形、やや小型で、表面は平滑。無色。

◆**発生**：通年で、コナラなどの広葉樹の根際に発生する。白色腐朽菌。

ネンドタケ　下＝東京都新宿区、12月、径8cm。左上＝老菌。東京都杉並区、裏返ったきのこの径4cm。

ネンドタケ（粘土茸）

タバコウロコタケ科キウブタケ属
Phellinus gilvus (Schw.: Fr.) Pat.

◆**子実体**：半背着型で中型で、縁は厚い。色は淡褐色から、黄褐色または褐色となり、表面は細粒状突起でざらつき、凸凹がある。肉は黄褐色で、硬い木質。

◆**傘**：半円形、扁平

◆**子実層托**：管孔は短い。孔口は円形できわめて小さく、色は淡褐色から暗褐色になる。表面は平滑。無色。

◆**胞子**：楕円形、小型で、

◆**発生**：通年で、コナラ、シラカシなど広葉樹の倒木や切り株上に重生する。白色腐朽菌。

210

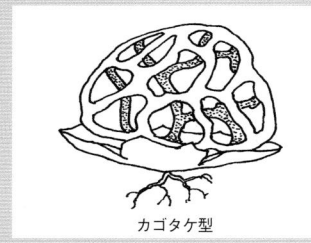

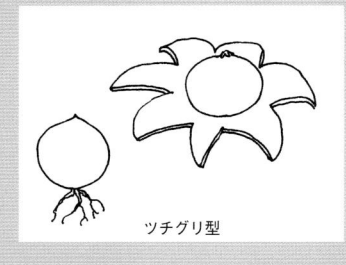

カゴタケ型	チャダイゴケ型

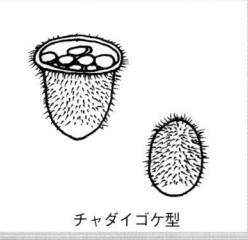

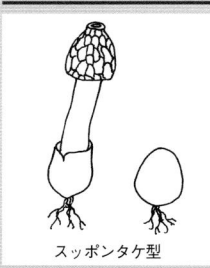

スッポンタケ型	腹菌類

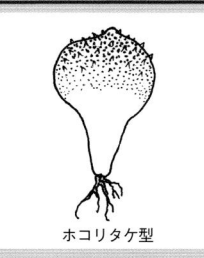

ツチグリ型	ホコリタケ型

腹菌類のきのこ(子実体)の型

チャダイゴケ型 幼時長球形で、成熟後上部が開口して中空の円筒形、逆円錐形などになる。子実層は子実体内部の小塊粒中にある。

ホコリタケ型 類球形、擬宝珠(ぎぼうし)形などで、成熟後崩壊、殻皮剥落、頂部開口などする。子実層は子実体内部のグレバ(基本体)中にある。

ツチグリ型 幼時類球形で、成熟後外皮が裂開し、内皮に包まれた類球形のグレバ(基本体)が現れる。

カゴタケ型 幼時類球形で、成熟後殻皮が裂開し、枝分かれした托枝(腕ともいう)をもつ托(柄ともいう)または托枝のみが伸出する。托枝の内面に粘液化したグレバが付着する。

スッポンタケ型 幼時類球形で、成熟後殻皮が裂開し、円錐状の傘をもつ托(柄ともいう)または托のみが伸出する。傘または托上部の表面に、粘液化したグレバが付着する。

（図中ラベル：外皮／(内部)／グレバ／内皮／無性基部／托枝／孔縁盤／菌糸束／円座／外皮／托／殻皮(三層)／菌糸束）

腹菌類のきのこのつくり

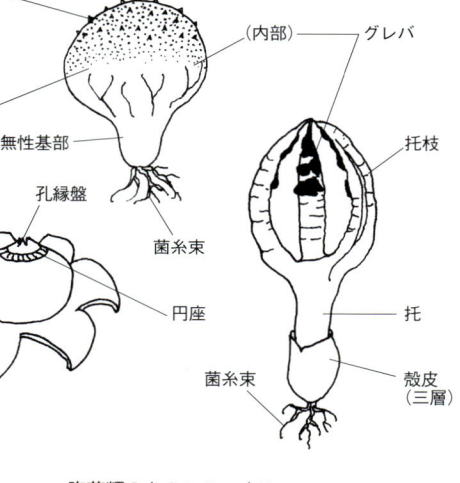

腹菌類のきのこのつくり

他の分類群のキノコが、きのこの表面に胞子をつくるのに対し、腹菌類はきのこの内部に胞子をつくる。

殻皮＝腹菌類の子実体全体を包む組織で、外皮、中皮、内皮の三層よりなるが、単層または二層の場合もある。

グレバ（基本体）＝腹菌類の子実体内部の胞子および胞子をつくる組織全体をいう。

無性基部＝胞子をつくらないきのこの基部。

ツチグリ　左上＝東京都渋谷区、9月、径5cm。左下＝東京都町田市、9月、径4.5cm。右上＝湿っているときは外皮が星形に開いている。右下＝乾燥すると外皮が閉じる。

ツチグリ（土栗）

ツチグリ科ツチグリ属
Astraeus hygrometricus (Pers.) Morgan

◆子実体‥ツチグリ型で小型。幼時扁球形で、基部に短い菌糸束がつく。やがて外皮が星形に裂開し、内皮に包まれた基本体が現れる。外皮の外面は黒褐色で菌糸が張りつき、内面は白銀色で頂孔状にひび割れ革質。内皮は灰褐色、薄紙状で頂孔が開く。◆基本体‥幼時類白色肉質から褐色の粉塊になり、内皮の頂孔より胞子を放出する。◆味・におい‥無味。無臭。◆胞子‥球形、中型で、表面は疣（いぼ）でおおわれる。色は褐色。◆発生‥初夏から秋に、崖面に発生する。半地下生の腐生菌。◆食毒等‥幼菌を炊き込み、ツチグリご飯にする。
☆裂開した外皮は、雨が降ると水分を吸収し、膨張して外側へ反転し、雨滴が内皮に当たり、胞子が飛散する。乾燥すると外皮は収縮して閉じる。

ヒメカタショウロ 下＝埼玉県東松山市、7月、径2cm。左上＝柄のような無性基部があり、表面をこするとと赤変する。東京都新宿区、9月、径2.5cm。

ヒメカタショウロ（姫硬松露）

ニセショウロ科ニセショウロ属
Scleroderma areolatum Ehrenb.

◆子実体：ホコリタケ型で小型。類球形で、無性基部に白い菌糸束をつける。幼時外皮は淡黄褐色で細かい亀裂があるが、やがて褐色、亀甲状となり、頂部が裂開する。表面をこすると赤変する。

◆基本体：幼時白いはんぺん状から褐色になり、ついには黒い胞子塊となって、裂開した頂部から胞子が飛散する。

◆味・におい：無味。無臭。

◆胞子：球形、大型で、表面は長い刺でおおわれる。色は褐色。

◆発生：初夏から秋に、林内、特にマツの樹下に発生する。外生菌根菌。

◆食毒等：有毒。

☆成熟時の基本体は黒いが、幼時は白いのでホコリタケなどと誤食しないよう注意が必要。

タマハジキタケ（玉弾茸）

タマハジキタケ科タマハジキタケ属
Sphaerobolus stellatus Tode: Pers.

◆ 子実体：チャダイゴケ型で、きわめて小型。基物を白い菌糸がおおい、その中から淡黄色、類球形の子実体が現れる。幼時殻皮の表面は白毛状で、やがて上部が星形に裂開し、半透明で、白から黄色、さらに褐色となる粘着性の球体1個が現れる。◆ 基本体：子実体中の粘着性球体で、胞子を内蔵し、手などを近づけると、勢いよく飛び出し、あたりの基物に付着する。◆ 胞子：楕円形、中型で、表面は平滑。無色。

● 発生：梅雨時などに、湿った落ち枝や腐朽した材などに発生する。

☆ 至近距離での撮影後、カメラのレンズに粘性球体が多数付着しているのが見られた。粘性球体は熱線に反応して飛び出すようである。

タマハジキタケ　いずれも東京都調布市。左＝幼時白い菌糸でおおわれる。6月、径0.8〜1.2mm。右上・右下＝粘着性球体が飛び出す。

コチャダイゴケ　左下・右下＝いずれも東京都八王子市、10月、径0.4cm。

ハタケチャダイゴケ　上＝東京都杉並区、9月、径0.5cm。

ハタケチャダイゴケ（畑茶台茸）

チャダイゴケ科チャダイゴケ属
Cyathus stercoreus (Schw.) De Toni

◆子実体：チャダイゴケ型で、きわめて小型。幼時俵形で外皮は黄褐色の粗毛。やがて上部が開口してコップ形となり、外皮が剥落して褐色革質の中皮が現れる。コップの内面である内皮は銀灰色で平滑。◆基本体：コップ中の多数の黒い碁石状小塊粒で、胞子を内蔵し、下部には内皮につらなる紐がつく。◆味・におい：無味。無臭。◆胞子：短楕円形、きわめて大型で、表面は平滑。無色。◆発生：初夏から晩秋までチップや落ち枝などに発生する。◆食毒等：食毒不明。
☆小塊粒は、雨滴で飛び出し、紐が草の葉に絡み、葉を食べた動物が糞で胞子を散布する。

コチャダイゴケ（小茶台茸）

チャダイゴケ科コチャダイゴケ属
Nidula niveotomentosa (P. Henn.) Lloyd

前種ハタケチャダイゴケに似るが、本種はコッ

エリマキツチグリ　下＝東京都杉並区、9月、径3cm。右上＝東京都世田谷区、10月、径5cm。

エリマキツチグリ（襟巻土栗）

別名　エリマキツチガキ（襟巻土柿）
ヒメツチグリ科ヒメツチグリ属
Geastrum triplex (Jungh.) Fisch.

◆子実体‥ツチグリ型で小型。幼時擬宝珠形（ぎぼうし）から、外皮が星形に裂開するが、下部が割れて襟巻状となる。外皮の外面は緑褐色でささくれ状、内面は淡褐色、平滑で、肉質は脆い。基本体を包む内皮の表面は灰褐色で薄紙状、上部に円盤状の部分（円座）があり、くちばし状に突出した部分（孔縁盤）の先端に頂孔が開く。◆基本体‥白い軟質の肉から褐色の粉塊になり、頂孔より胞子を放出する。◆味・におい‥無味。無臭。◆胞子‥球形、小型で、表面は細かい刺（とげ）でおおわれる。色は褐色。
◆発生‥初夏から晩秋に、竹林や雑木林などの落葉の積もった地に発生する。腐生菌。
◆食毒等‥食毒不明。

プの内面、小塊粒ともに褐色で、小塊粒には紐がつかない。

オニフスベ　下＝東京都杉並区、11月、径20cm。左上＝老菌。東京都八王子市、5月、径30cm。

オニフスベ（鬼贅）

ホコリタケ科オニフスベ属
Lanopila nipponica (Kawamura) Y. Kobayasi

◆子実体：ホコリタケ型できわめて大型。球形で基部に太い菌糸束がつく。幼時乳白色、平滑の外皮でおおわれるが、やがて剥離し、褐色で紙質の内皮が現れ、これも剥離して、ついには基本体のみとなる。◆基本体：白いはんぺん状から、黄色の液を分泌するようになり、ついには褐色のスポンジ状となって、胞子が飛散する。◆味・におい：無味。幼時無臭だが、成熟にともない悪臭を放つ。◆胞子：球形、小型で、表面は細かい刺でおおわれる。胞子紋は褐色。
◆発生：夏から秋に、林内や植えこみ、草地などの地上に発生する。腐生菌。
◆食毒等：幼菌の基本体をフリッターやソテーにする。

☆径が50cmを超える大きなものもあり、このような超大型のきのこが、突如群生することがある。

ノウタケ 下＝東京都杉並区、6月、径5cm。右上＝老菌。東京都渋谷区、11月、径8cm。

ノウタケ（脳茸）

ホコリタケ科ノウタケ属
Calvatia craniiformis (Schw.) Fr.

◆**子実体**：ホコリタケ型で、中型から大型。丸山形の頭部と逆円錐形の無性基部がある洋独楽形で、基部に菌糸束をつける。◆**頭部**：幼時外皮は淡褐色で平滑だが、やがて褐色となり、表面は粒状または亀甲状から、皺ができて脳状になり、ついには剥離して基本体のみとなる。◆**基本体**：頭部内で、幼時白いはんぺん状から、やがて黄色の液を分泌し、褐色綿屑状となって、胞子が飛散する。◆**無性基部**：淡褐色で、表面は平滑。肉はスポンジ状で、頭部崩壊後も形を残す。◆**味・におい**：無味。幼時無臭だが、成熟にともない悪臭を放つ。◆**胞子**：球形、小型で、表面は細かい刺でおおわれる。色は褐色。

◆**発生**：夏から秋に、樹下や植えこみなどの地上に発生する。腐生菌。

◆**食毒等**：幼菌をフリッターや汁の実にする。

シバフダンゴタケ　左下＝長い尾をつけた胞子。無染色、最小目盛1μm。右下＝東京都文京区、9月、径2cm。

ホコリタケ　上＝東京都武蔵村山市、10月、径2.5cm。

ホコリタケ（埃茸）

別名　キツネノチャブクロ（狐茶袋）
ホコリタケ科ホコリタケ属
Lycoperdon perlatum Pers.: Pers.

◆子実体：ホコリタケ型で小型。頭部は擬宝珠形、無性基部は逆円錐形で、菌糸束がつく。◆頭部：外皮は淡褐色の大小の刺状突起で剥落しやすい。内皮は淡褐色の膜質で、頂孔を開く。◆基本体：頭部内で、幼時白いはんぺん状から、褐色の胞子塊となり、頂孔より胞子を放出する。◆無性基部：頭部より淡色で、肉はスポンジ状。◆味・におい：無味。無臭。◆胞子：球形、小型で、表面は細かい疣でおおわれる。色は黄褐色。◆発生：初夏から秋に、林地、草地、道端などの地上に発生する。腐生菌。◆食毒等：幼菌を煮物や汁の実にする。

シバフダンゴタケ（芝生団子茸）

ホコリタケ科ダンゴタケ属
Bovista plumbea Pers.: Pers.

前種ホコリタケに似るが、本種は小型で、無性基部が小さく、胞子には尾がある。食毒不明。

カゴタケ　下＝埼玉県小川町、10月、径4cm。右上＝幼菌。埼玉県東松山市、6月、径2.5cm。

カゴタケ（籠茸）

アカカゴタケ科カゴタケ属
Ileodictyon gracile Berk.

◆**子実体**：カゴタケ型で、小型から中型。幼時扁球形で、基部に白い菌糸束がつく。殻皮（三層）の外皮は白く表面平滑、中皮は透明なゼラチン質、内皮は白い薄膜で、やがて殻皮が裂開して籠形の托枝が伸張する。◆**托枝**：伸張して多角形の籠目をつくる。色は白く表面には皺があり、肉質は脆く中空。◆**基本体**：濃緑褐色の粘液となり、托枝の内側に付着する。粘液化したグレバ（基本体）に果実臭がある。◆**味・におい**：無味。無色。◆**胞子**：長楕円形、小型で、表面は平滑。◆**発生**：初夏から秋に、マツの樹下や広葉樹林の地上に発生する。腐生菌。◆**食毒等**：食毒不明。

☆スッポンタケ目には悪臭を放つきのこが多いが、なかには本種のように芳香を発するものもある。

ツマミタケ　下＝東京都中央区、7月、高さ4.5cm。左上＝東京都八王子市、4月、径1.5cm。

ツマミタケ（抓茸）

アカカゴタケ科ツマミタケ属
Lysurus mokusin (L.:Pers.) Fr.

◆子実体：カゴタケ型で小型。幼時卵形で、基部に白い菌糸束がつく。殻皮（三層）の表面は白く平滑。やがて殻皮が裂開し、托と托枝が伸張する。◆托枝：角柱形の托の頭部で、托の稜と同数の3〜6片が頂部で結合して角錐形となるが、ときに結合しないものもある。色は赤色で、表面には皺がある。◆托：角柱形で、托枝に連続し、稜が畝状に隆起する。色は淡赤色で、下方はさらに淡色。表面には横皺と凸凹がある。肉は脆く泡状。◆基本体：暗緑褐色の粘液となり、托枝表面に付着する。◆味・におい：無味。粘液化したグレバが悪臭を放つ。◆胞子：楕円形、小型で、表面は平滑。淡褐色。
◆発生：初夏から秋に、公園にまかれたチップや草地、朽ちた切り株の周囲などの地上に発生する。腐生菌。
◆食毒等：食毒不明。

サンコタケ 下＝東京都八王子市、10月、高さ4cm。右上＝東京都中央区、7月、高さ5cm。

サンコタケ（三鈷茸）

アカゴタケ科サンコタケ属
Pseudocolus schellenbergiae (Sumst.) Johnson

◆子実体：カゴタケ型で小型。幼時卵形で、基部に白い菌糸束がつく。殻皮（三層）の表面は白く平滑。やがて殻皮が裂開し、托と托枝が伸張する。◆托枝：托から3～6本に枝分かれし、頂部で結合する。各托枝は細長い角錐形。色は上部黄橙色で、下方は淡色。表面には凸凹と皺がある。肉は淡色で、脆く泡状。◆托：太く短い円筒形。色は淡黄色で、基部は白く、表面には凸凹と皺がある。肉は托枝と同様。◆基本体：黒褐色の粘液となり、液化したグレバが悪臭を放つ。◆味・におい：無味。粘液化したグレバが悪臭を放つ。◆胞子：長楕円形、小型で、表面は平滑。無色。
◆発生：初夏から秋に、公園にまかれたチップや草地に発生する。腐生菌。
◆食毒等：食毒不明。
☆和名のサンコタケは、形が密教の法具「三鈷（さんこ）」に似ることによる。

カニノツメ　左上＝東京都八王子市、6月、高さ5cm。左下＝神奈川県相模原市、10月、高さ5cm。右＝公園内にまかれたチップ上に菌輪を描いて群生していた。東京都新宿区、11月、高さ4〜6cm。

カニノツメ（蟹爪）

アカカゴタケ科カニノツメ属
Linderia bicolumnata (Kusano) Cunn.

◆子実体：カゴタケ型で小型。幼時卵形で、基部に白い菌糸束がつく。殻皮（三層）の表面は白く平滑。やがて殻皮が裂開し、托枝が伸張する。

◆托枝：頂部でU字型に湾曲する。色は上部橙赤色、下方淡色で、表面には凸凹がある。肉は脆く泡状。

◆基本体：暗緑色の粘液となり、托枝の上部内側レバが付着する。表面は平滑。無色。

◆味・におい：無味。粘液化したグレバが悪臭を放つ。

◆胞子：長楕円形、小型で、表面は平滑。無色。

◆発生：初夏から秋に、公園にまかれたチップや草地に発生する。腐生菌。

◆食毒等：食毒不明。

☆カゴタケ型、スッポンタケ型のきのこは強いにおいを発するが、これはハエやハチなどの昆虫を誘い、胞子を散布させるためという。

スッポンタケ いずれも東京都多摩市、10月。左上＝高さ15cm。左下＝グレバをぬぐえば傘は白いことがわかる。基部に長い菌糸束がつらなる。右上＝グレバのにおいに虫が集まる。右下＝卵状の幼菌。

スッポンタケ（鼈茸）

スッポンタケ科スッポンタケ属
Phallus impudicus L.:Pers.

◆**子実体**：スッポンタケ型で中型。幼時球形で、基部に白く長い菌糸束がつく。殻皮（三層）の表面は白く平滑。やがて殻皮が裂開し、傘と托が伸張する。

◆**傘**：長円錐形。色は白く、表面には隆起した網目があり、頂部はリング状に開口して托とつながる。

◆**托**：円筒形で、下方に太まり、中空。色は白く、表面に細かい凸凹がある。肉は脆く泡状。

◆**基本体**：暗緑色の粘液となり、傘の表面に付着する。グレバが悪臭を放つ。

◆**味・におい**：無味。粘液化したグレバの表面は平滑。無色。

◆**胞子**：紡錘形、小型で、表面は平滑。無色。

◆**発生**：初夏から秋に、公園にまかれたチップや林内の落ち葉の多い地に発生する。腐生菌。

◆**食毒等**：グレバを洗い落として、柄の部分のシャリシャリした食感を酢の物や炒め物で楽しむ。☆悪臭といわれるが、ときにはキク科の花や蜂蜜のにおいを感じることもある。

キツネノタイマツ　いずれも東京都杉並区、10月。下＝高さ12cm。左上＝幼菌。径2.5cm。

キツネノタイマツ（狐松明）

スッポンタケ科スッポンタケ属
Phallus rugulosus (Fisch.) Kuntze

◆子実体：スッポンタケ型で中型。幼時卵形で、基部に白い菌糸束がつく。殻皮（三層）の表面は白く平滑。やがて殻皮が裂開し、傘と托が伸張する。◆傘：長円錐形、赤色で、表面には隆起した皺があり、頂部はリング状に開口して托とつながる。◆托：円筒形で下方に太まり、中空。色は上部淡紅色で下方は白く、表面に細かい凸凹がある。肉は脆く泡状。◆基本体：暗緑色の粘液となり、傘の表面に付着する。◆味・におい：無味。粘液化したグレバが悪臭を放つ。◆胞子：長楕円形、小型で、表面は平滑。無色。◆発生：初夏から秋に、公園にまかれたチップや雑木林内の落ち葉の多い地に発生する。腐生菌。◆食毒等：食毒不明
☆公園にまかれたチップ上に菌輪を描いて発生することがあり、その姿は壮観である。

シラタマタケ　東京都八王子市、9月、左手前のきのこの径6cm。

シラタマタケ（白玉茸）

プロトファルス科シラタマタケ属
Kobayasia nipponica (Kobayasi) Imai & Kawamura

◆ **子実体**：ホコリタケ型で、小型から中型。類球形または塊形で、基部に太い菌糸束がつく。殻皮（二層）の外皮は薄膜で、内皮は厚いゼラチン質。幼時外皮は白く、表面は平滑だが、やがて淡黄褐色となって亀裂が入り、ゼラチン質の内皮が現れる。

◆ **基本体**：幼時緑褐色の軟骨質で、舌状のグレバが層状に詰まり、間隙を寒天質が満たす。やがてグレバが液化し、流出して胞子を散布する。

◆ **味・におい**：無味、無臭。無色。　◆ **胞子**：紡錘形、小型で、表面は平滑。

◆ **発生**：夏から秋に、マツの樹下に発生する。半地下生の腐生菌。

◆ **食毒等**：食毒不明。

ショワロ　いずれも横浜市金沢区。下＝11月、径2cm。左上＝肉は、幼菌では白いが、熟すと灰緑色となる。

ショウロ（松露）

ショウロ科ショウロ属
Rhizopogon rubescens (Tul.) Tul.

◆子実体：ホコリタケ型で小型。類球形で基部にわずかな白い菌糸束がつく。幼時殻皮（単層）は白で、表面は平滑。やがて殻皮は黄褐色となって亀裂が入り、ついには崩壊して、胞子が飛散する。表面をこすると赤変する。

◆基本体：幼時は白くサクサクしたリンゴの果肉状だが、やがて灰緑色となって液を分泌する。幼時芳香を発する。

◆味・におい：無味。無色。

◆胞子：長楕円形、中型で、表面は平滑。無色。

◆発生：春と秋に、海岸のクロマツ林の砂地に発生する。半地下生の外生菌根菌。

◆食毒等：幼菌を酢の物、煮物、吸い物の実などにする。

☆日本では古来から食用にしてきたきのこだが、幼菌は地下生なので、探すのがむずかしい。

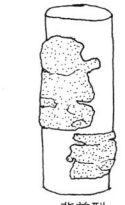

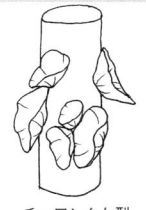

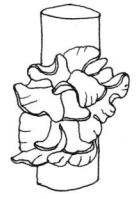

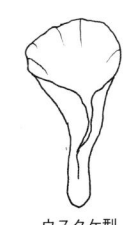

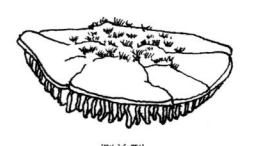

背着型	チャワンタケ型	ハナビラタケ型
ウスタケ型	キクラゲ類	
ホウキタケ型	側着型	

キクラゲ類のきのこ(子実体)の型

キクラゲ類のきのこ(子実体)の形はヒダナシタケ類やチャワンタケ類のきのこの型に相当するものが多い。そこで、キクラゲ類では、きのこのこの型に特に設けず、ほかの分類群の相当する型を用いてきのこのこの形を示す。

キクラゲ類のきのこのつくり

キクラゲ類のきのこの形には、ホウキタケ型、ハナビラタケ型、背着型、側着型、チャワンタケ型など、ほかの分類群のきのこの型に相当するものが多い。子実層托にも、平坦、イボ(疣)、ハリ(針)、ヒダ(褶)などがあり、その位置も、全表面、傘の裏、筒形の側面、茶碗形の内面などにあり、ヒダナシタケ類やチャワンタケ類に類似のものが多い。一方、すべてが材上生で、きのこの肉質が、湿っているときゼラチン質、にかわ質などで、乾燥すると硬い軟骨質になるが、水で戻るという特異な性質もある。

キクラゲ類の担子器の型

ほかの担子菌類の担子器(20ページ参照)が棍棒形で1室であるのに対し、キクラゲ類では、次の4つの型のように4室またはY字形1室の担子器をもつ。

シロキクラゲ型 隔壁で縦に仕切られた4室で、小柄が長く、担子器を支える細胞はない。シロキクラゲ科とヒメキクラゲ科の一部に見られる。

キクラゲ型 隔壁で横に仕切られた4室が縦に重なる。キクラゲ科に見られる。

ヒメキクラゲ型 隔壁で縦に仕切られた4室で、小柄が短く、担子器を支える長い細胞がある。ヒメキクラゲ科の一部に見られる。

アカキクラゲ型 担子器は1室だが、小柄が長く伸びY字型をなす。アカキクラゲ科に見られる。

＊隔壁＝細胞間を仕切る壁。

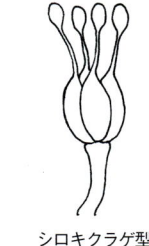

ヒメキクラゲ型　　シロキクラゲ型

アカキクラゲ型　　キクラゲ型

ハナビラニカワタケ　下=埼玉県東松山市、6月、手前のきのこの全幅10cm。

シロキクラゲ　上=東京都多摩市、6月、手前のきのこの全幅8cm。

シロキクラゲ（白木耳）

シロキクラゲ科シロキクラゲ属
Tremella fuciformis Berk.

◆子実体：ハナビラタケ型で中型。花びら形の集合。色は白く半透明。肉は湿っているとゼラチン質で、乾燥すると軟骨質になるが水で戻る。 ◆子実層托：子実体の全面にあり、平坦。担子器はシロキクラゲ型。 ◆味・におい：無味。無臭。 ◆胞子：類球形、中型で、表面は平滑。胞子紋は白。

◆発生：通年で、コナラなどの広葉樹の枯れ木、倒木などに束生する。

☆中国では銀耳（インアイ）と呼ばれ、不老長寿の薬として漢方にも用いられた。

ハナビラニカワタケ（花弁膠茸）

シロキクラゲ科シロキクラゲ属
T. foliacea Pers.: Fr.

前種シロキクラゲに似るが、本種の色は淡肌色。両種とも食用で、スープの具や酢の物のほかに、ゼラチン質の食感を生かしたデザートにもなる。

ロウタケ 下＝幼菌。東京都多摩市、9月、茎の径0.5〜0.8cm。左上＝東京都八王子市、7月、葉の幅0.8cm。

ロウタケ（蝋耳）
シロキクラゲ科ロウタケ属
Sebacina incrustans (Pers.) Tul.

◆子実体：背着型で、笹、草などの茎や葉に面状に広がる。色は白く、蝋細工のような光沢がある。表面は粒状、針状、房状の突起など、基物の凹凸により多様な形状になる。肉は白から褐色となり、蝋状の肉質で、しだいに脆くなる。 ◆子実層托：表面全体にあり、平坦。担子器はシロキクラゲ型。 ◆味・におい：無味。無臭。 ◆胞子：長楕円形、中型で、表面は平滑。胞子紋は白。 ◆発生：春から秋に、単子葉植物の草の表面や湿り気のある地表などに発生する。 ◆食毒等：食毒不明。

キクラゲ　左＝東京都杉並区、4月、径5cm。右上＝キクラゲ（左列2つ）とアラゲキクラゲ（右列2つ）。

アラゲキクラゲ　右下＝東京都千代田区、4月、径8cm。

キクラゲ（木耳）
Auricularia auricula (Hook.) Underw.
キクラゲ科キクラゲ属

🔶 **子実体**：チャワンタケ型で、中型から大型。耳形、皿形など。内面の色は明褐色で、平滑または皺状。背面の色も明褐色で、表面を短い粗毛がおおう。肉は薄く、湿っているときゼラチン質で、乾燥すると軟骨質になるが、水で戻る。🔶 **子実層托**：耳形の内面にあり、平坦。担子器はキクラゲ型。🔶 **味・におい**：無味、無臭。🔶 **胞子**：湾曲した楕円形、大型で、表面は平滑。胞子紋は白。🔶 **発生**：通年で、コナラ、イチョウ、ニワトコなど、木質の柔らかい樹種の枯れ木、切り株、倒木などに群生するが、冬季はやや少ない。🔶 **食毒等**：炒め物や煮物、酢の物などにする。

アラゲキクラゲ（粗毛木耳）
A. polytricha (Mont.) Sacc.
キクラゲ科キクラゲ属

前種キクラゲに似るが、本種の背面は長い粗毛におおわれ白粉状。肉質は前種より硬い。食用。

タマキクラゲ　いずれも東京都八王子市。下＝2月、径1cm。左上＝10月、径1cm。

タマキクラゲ（玉木耳）

ヒメキクラゲ科ヒメキクラゲ属
Exidia uvapassa Lloyd

◆子実体：チャワンタケ型で、きわめて小型。円盤形、逆円錐形、類球形などで、子実体が接しても互いに融合はしない。色は明褐色または暗褐色で、表面は皺（しわ）や疣（いぼ）におおわれる。肉は湿っているとき半透明褐色のゼラチン質で、乾燥すると黒褐色の軟骨質になるが、水で戻る。◆子実層托：基物に接する部分以外の全表面にあり、イボ状。担子器はシロキクラゲ型。◆味・におい：無味。無臭。◆胞子：曲がった長楕円形、きわめて大型で、表面は平滑。胞子紋は白。◆発生：春から晩秋まで、広葉樹の枯れ枝や落ち枝上に発生する。

◆食毒等：ほかのキクラゲ類と同様食用になるが、きのこが小さいのであまり利用されない。

ヒメキクラゲ　いずれも東京都八王子市。下＝11月、きのこの幅8cm。左上＝幼菌。10月、手前の粒状のきのこの径0.5-1cm。

ヒメキクラゲ（姫木耳）

ヒメキクラゲ科ヒメキクラゲ属
E. glandulosa (Bull.) Fr.

◆**子実体**：チャワンタケ型から背着型。幼時球形、円盤形に生じ、たがいに融合を繰り返して、基物の表面に厚く広がる。色は灰色から帯青黒色になり、表面には不定形な皺（しわ）がある。肉は湿っているとき半透明灰色のゼラチン質で、乾燥すると黒い軟骨質となるが、水で戻る。◆**子実層托**：基物に接する部分以外の全表面にあり、イボ状またはトゲ状。無味。無臭。◆**担子器**はシロキクラゲ型。◆**胞子**：曲がった長楕円形、中型で、表面は平滑。胞子紋は白。◆**発生**：春から秋まで、各種樹木の枯れ木、枯れ枝上に発生する。◆**食毒等**：ほかのキクラゲ類と同様食用になるが、基物に張りついているので利用しにくい。

ツノマタタケ　下＝東京都多摩市、10月、高さ1.5cm。左上＝東京都八王子市、9月、高さ1.5cm。

ツノマタタケ（角叉茸）

アカキクラゲ科ツノマタタケ属
Guepinia spathularia (Schw.) Fr.

◆**子実体**：ヘラタケ型で、きわめて小型。へら形に生じて先端がわずかに分岐する。先端部分は水平方向に広がり、その上面に短毛が生じ、白粉状になる。色は鮮黄色で、表面は湿っているとき弱い粘性がある。肉は湿っているとき軟らかい軟骨質で、乾燥すると褐色で、硬い軟骨質になる。◆**子実層托**：水平に広がる部分の下面で、平坦。担子器はアカキクラゲ型。◆**味・におい**：無味、無臭。◆**胞子**：長楕円形、中型で、表面は平滑。胞子紋は黄色。

◆**発生**：春から晩秋まで、針葉樹の枯れ木、倒木上、または公園の古いベンチなどに列をなして発生する。

◆**食毒等**：食毒不明。

☆和名のツノマタタケは、海藻のツノマタに形が似ることによる。

アミガサタケ型	ノボリリュウタケ型	チャワンタケ型

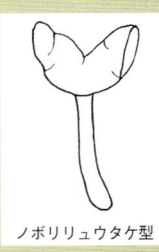

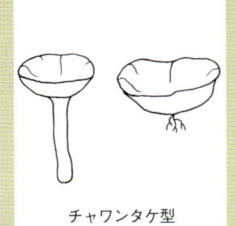

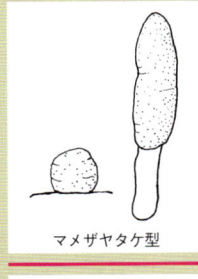

マメザヤタケ型

チャワンタケ類

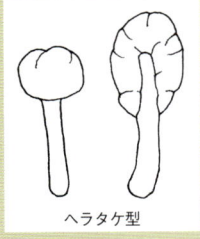

ヘラタケ型	腹菌類型	ハナサナギタケ型

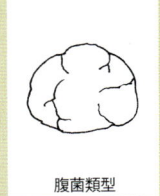

チャワンタケ類のきのこ（子実体）の型

チャワンタケ型 茶碗形、皿形、逆円錐形などで、無柄または有柄。子実層は茶碗の内面や皿の上面にある。

ノボリリュウタケ型 傘は鞍形、帽子形などで、有柄。子実層は傘の表面にある。

アミガサタケ型 傘は帽子形で表面に網目があり、有柄。子実層は網目凹部にある。

ヘラタケ型 球形、へら形、棍棒形、鶏冠形、花びら形などで、有柄。子実層は表面にある。

マメザヤタケ型 棍棒形、槍形、類球形などで、有柄または無柄。子実層は子のう殻内にある。

ハナサナギタケ型 棍棒形、ほうき形などで、有柄。子実層はなく、子実体の表面または分岐した枝上に粉状の分生子（菌糸の分裂により無性的にできる胞子）をつける。

腹菌類型 類球形で、有柄または無柄。子実層はきのこの内部にある。

きる。ただし、腹菌類型のように、子のう胞子をきのこ（子実体）内部につくるものや、ハナサナギタケ型のように分生子をつくるものもある。

チャワンタケ類のきのこのつくり

チャワンタケ類では、子実層托を子のう（嚢）果といい、子のう果には子のう盤と子のう殻がある。子のう盤上または子のう殻内の子のう（＝胞子嚢）中で、通常8個の子のう胞子ができ

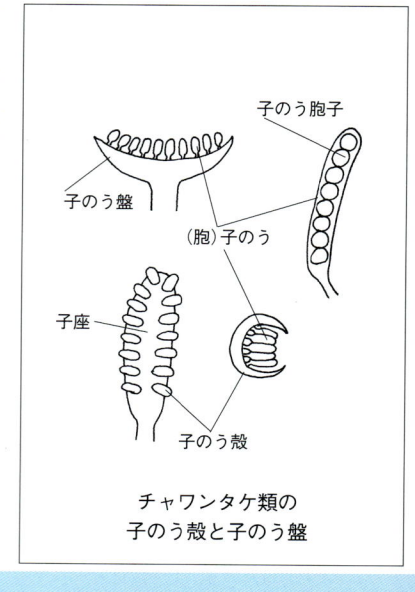

子のう盤＝表面に子実層がある子のう果で、きのこ（子実体）全体が子のう盤のこともある。

子のう殻＝きわめて小型の子のう盤で、子実層はその内面にある。

子座＝表面に多数の子のう殻が埋まり、きのこ（子実体）全体が子座のこともある。

チャワンタケ類の子のう殻と子のう盤

キツネノヤリタケ　いずれも東京都八王子市。下＝4月、傘の径0.6cm。左上＝5月、傘の径0.6cm。

キツネノヤリタケ（狐槍茸）

キンカクキン科キツネノヤリタケ属
Scleromitrula shiraiana (P. Henn.) Imai

◆子実体：アミガサタケ型で、きわめて小型。
◆傘：先が尖る多角柱で、縦の畝が発達し、横の畝はわずか。色は淡褐色または明褐色で、表面は平滑。肉は淡色で脆い。◆子のう盤：傘が子のう盤で、表面に子実層がある。◆柄：細長い針金状で、基部は凸凹のある根状となって地中に伸び、黒褐色の菌核につらなる。色は上部褐色、下方黒褐色で、表面は平滑。肉は軟骨質で硬い。◆味・におい：無味。無臭。◆胞子：長楕円形、中型で、表面は平滑。胞子紋は白。
◆発生：春に、ウメの落果中にできた菌核より発生する。
◆食毒等：食毒不明。
☆クワの実にできた菌核からも発生する。

ツバキキンカクチャワンタケ 下=東京都目黒区、3月、径0.5〜1.0cm。右上=米粒大の菌核につらなる。頁京都中央区、3月、径1cm。

ツバキキンカクチャワンタケ（椿菌核茶碗茸）

キンカクキン科ニセキンカクキン属
Ciborinia camelliae Kohn

◆ **子実体**：チャワンタケ型で、きわめて小型。
◆ **頭部**：幼時ワイングラス形から、茶碗形になり、ついには中央がへそ状にくぼむ皿形となる。上面の色は淡黄土褐色で、表面は平滑。下面は上面と同色で粉状。肉は軟骨質で脆い。
◆ **子のう盤**：頭部が子のう盤で、上面に子実層がある。
◆ **柄**：細長い紐状で、地中に伸びて、黒褐色、米粒大の菌核につらなる。色は濃褐色で表面は平滑。肉は軟骨質で硬い。
◆ **味・におい**：無味。無臭。
◆ **胞子**：長楕円形、中型で、表面は平滑。胞子紋は白。
◆ **発生**：春に、厚く積もったツバキの落花・落葉中にできた菌核から発生する。腐生菌。
◆ **食毒等**：食毒不明。
☆ 特異的にツバキの落花・落葉に菌核をつくる。

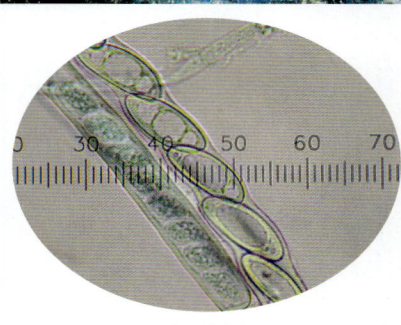

オオゴムタケ 上＝東京都文京区、9月、径3.5cm。左下＝肉はゼリー状。東京都中央区、10月、径4cm。右下＝子のう中に胞子ができる。染色、最小目盛2.5μm。

オオゴムタケ（大護謨茸）

クロチャワンタケ科オオゴムタケ属
Galiella celebica (P. Henn.) Nannf.

◆**子実体（子のう盤）**：チャワンタケ型で、中型。幼時球形から、上部が開口して平らになり、逆円錐形または円筒形となる。上面の色は淡褐色から黒褐色になり、表面は平滑。側面は褐色の短毛でおおわれる。肉は透明でゼリー状。◆**子のう盤**：子実体が子のう盤で、上面に子実層がある。きわめて大型で、表面には凹凸がある。胞子紋は白。

◆**発生**：春から晩秋に、腐朽の進んだ倒木や落ち枝などに発生する。腐生菌。

◆**食毒等**：外皮をむいて、ゼリー状の肉を酢の物やシロップ煮にする。

☆チャワンタケ型のきのこに近づくと、熱線に反応して胞子を白粉状に放出する。動物に胞子を運んでもらうためのしくみであろう。

◆**味・におい**：無味。無臭。◆**胞子**：楕円形、

シロキツネノサカズキ　いずれも東京都多摩市、10月、径1cm。

シロキツネノサカズキ（白狐盃）

ベニチャワンタケ科シロキツネノサカズキ属
Microstoma floccosum (Schw.) Raitv.

◆子実体：チャワンタケ型で小型。球形から、上部が開いてワイングラス形になり、カップの縁には、白く長い毛が密生する。内面の色は橙赤色で表面は平滑。側面も同色で、短い白毛がおおう。肉は淡色で脆い。 ◆子のう盤：頭部が子のう盤で、内面に子実層がある。柄と同径で、細長い。色は淡黄色で、表面は白毛でおおわれる。 ◆味・におい：無味。無臭。 ◆胞子：紡錘形、きわめて大型で、表面は平滑。胞子紋は白。 ◆発生：夏から秋に、林内の湿気のある地に落ちた枝などに発生する。腐生菌。 ◆食毒等：食毒不明。

ミミブサタケ　下＝埼玉県川越市、9月、全体の幅12cm。右上＝埼玉県東松山市、7月、径2.5cm。

ミミブサタケ（耳房茸）

ベニチャワンタケ科ミミブサタケ属
Wynnea gigantea Berk. & Curt.

◆ **子実体**：チャワンタケ型で、中型から大型。

◆ **頭部**：兎の耳形で、共通の柄から多数が発生する。内面の色は淡橙褐色から濃褐色となり、表面は平滑。側面は淡褐色で、表面には皺(しわ)がある。肉は硬いが脆い。

◆ **子のう盤**：頭部が子のう盤で、内面に子実層がある。

◆ **柄**：太く短い。色は黒褐色で、表面には凸凹があり、地下の菌核につらなる。肉は硬い。

◆ **味・におい**：無味。無臭。

◆ **胞子**：長楕円形、きわめて大型で、表面には不鮮明な縦の条線がある。胞子紋は白。

◆ **発生**：春から秋に、雑木林内の地上や路傍に発生する。

◆ **食毒等**：食毒不明。

243

アシボソノボリリュウタケ　左下＝東京都多摩市。9月、径2cm。

クロノボリリュウタケ　いずれも東京都八王子市、6月。上＝径3.5cm。右下＝径3cm。

クロノボリリュウタケ（黒昇龍茸）

ノボリリュウタケ科ノボリリュウタケ属
Helvella lacunosa Afzel.: Fr.

◆子実体：ノボリリュウタケ型で小型。◆傘：鞍形。上面の色は灰褐色または黒褐色、表面には凸凹がある。下面は淡灰色で、表面は平滑。肉には弾力がある。◆子のう盤：傘が子のう盤で、上面に子実層がある。◆柄：下方に太まり、中空。色は傘より淡色。表面には複数の深い縦の溝がある。肉には弾力がある。◆味・におい：無味。無臭。◆胞子：楕円形、大型で、表面は平滑。胞子紋は白。◆発生：初夏から晩秋に、雑木林内の地上に発生する。腐生菌。◆食毒等：食毒不明。

アシボソノボリリュウタケ（足細昇龍茸）

ノボリリュウタケ科ノボリリュウタケ属
H. elastica Bull.: Fr.

本種の傘も鞍形だが、色は淡黄褐色。柄は細長く、表面は平滑。食毒不明。

アミガサタケ　左＝東京都千代田区、4月、径3cm。

チャアミガサタケ　右＝東京都多摩市、4月、径3cm。

アミガサタケ（編笠茸）

アミガサタケ科アミガサタケ属
Morchella esculenta (L.:Fr.) Pers.

◆子実体：アミガサタケ型で中型。◆傘：卵形または円錐形で、表面には網目があり、畝は縦横とも発達。色は畝、くぼみとも淡黄褐色。肉には弾力があり、触れると橙褐色に変化する。◆子のう盤：傘が子のう盤で、くぼみの内面に子実層がある。表面には凸凹がある。色は淡クリーム色で、表面には凸凹がある。◆柄：下方に太まり、中空。色はやや塩素臭がある。表面は平滑。◆胞子：楕円形、きわめて大型で、表面は平滑。胞子紋は橙黄色。◆発生：春に、腐植の多い地に発生し、特にサクラの樹下のツツジの植えこみに多く見られる。

チャアミガサタケ（茶編笠茸）

アミガサタケ科アミガサタケ属
M. esculenta var. *umbrina* (Boud.) Imai

前種アミガサタケに似るが、本種の傘の畝は白く、くぼみが濃褐色。両種ともパスタソースやシチュウの具、和風の煮物などにする。

トガリアミガサタケ　上＝東京都小平市、3月、径3cm。左下＝傘、柄とも中空。右下＝東京都渋谷区、4月、径4cm。

トガリアミガサタケ（尖編笠茸）

アミガサタケ科アミガサタケ属
Morchella conica Pers.

◆ **子実体**：アミガサタケ型で中型。

◆ **傘**：長円錐形で、表面に網目があり、畝は縦方向が発達。色は畝、くぼみともオリーブ褐色から黒褐色になり、肉には弾力がある。

◆ **子のう盤**：傘が子のう盤で、くぼみの内面に子実層がある。

◆ **柄**：下方に太まり、中空。色は淡黄色で、表面には粒状突起や凸凹がある。肉には弾力があり、触れると橙褐色に変化する。

◆ **味・におい**：無味。塩素臭がある。

◆ **胞子**：楕円形、きわめて大型で、表面は平滑。

胞子紋は橙黄色。

◆ **発生**：春に、アミガサタケと同様な環境で発生するが、特にイチョウの葉が厚く積もった地に多く見られる。

◆ **食毒等**：アミガサタケと同様に調理して利用する。

☆ 同じ場所にアミガサタケが時期をずらして発生することがある。

246

ベニサラタケ　左＝東京都千代田区、5月、径1.5cm。右下＝顆粒状の赤い色素が含まれている側糸。無染色、最小目盛2.5μm。

ベニサラタケ（紅皿茸）

Melastiza chateri (W. G. Smith) Boud.

ピロネマキン科ベニサラタケ属

◆**子実体（子のう盤）**：チャワンタケ型で、きわめて小型。幼時椀形から、開いて皿型になり、基部に菌糸束がつく。上面の色は濃紅色、表面は白い剛毛が散生する。下面は上面より淡色で、微毛におおわれる。肉は淡色で、弾力がある。

◆**子のう盤**：子実体が子のう盤で、上面に子実層がある。

◆**味・におい**：無味。無臭。

◆**胞子**：楕円形、大型で、表面には隆起した網目がある。胞子紋は白。

◆**発生**：春に、湿気のある地表に群生する。

◆**食毒等**：食毒不明。

☆子のう盤を顕微鏡で観察すると、先端が嚢状に膨らんだ側糸（子実層中にある不稔細胞）があり、内部に顆粒状の赤い色素を含む。きのこの紅色が、側糸中の色素によるものであることがわかる。

フジイロチャワンタケモドキ　左下＝埼玉県東松山市、7月、径3cm。

オオチャワンタケ　上＝東京都中央区、4月、径4cm。右下＝埼玉県東松山市、8月、径3cm。

オオチャワンタケ（大茶碗茸）
チャワンタケ科チャワンタケ属
Peziza vesiculosa Bull. ex Amans

◆子実体（子のう盤）∷チャワンタケ型で小型。椀形で縁がやや鋸歯状。内面の色は黄褐色または濃褐色で、表面は平滑または凸凹がある。側面はやや淡色で糠状の鱗片におおわれる。肉は脆い軟骨質。

◆子のう盤∷子実体が子のう盤で、内面に子実層がある。

◆味・におい∷無味。無臭。

◆胞子∷長楕円形、きわめて大型で、表面は平滑。胞子紋は白。

◆発生∷春から秋に、公園にまかれたチップや腐植の多い草地などに発生する。

◆食毒等∷肉質は脆いが加熱すると歯切れのよい食感となる。酢の物や揚げ物にする。

フジイロチャワンタケモドキ（藤色茶碗茸擬）
チャワンタケ科チャワンタケ属
P. praetervisa Bres.

形は前種オオチャワンタケに似るが、本種の色は、淡紫褐色で、胞子の表面が粗面である。

サナギタケ 上＝埼玉県小川町、7月、高さ4cm。左下＝東京都八王子市、6月、高さ4cm。右下＝きのこは、蛾の蛹から発生している。埼玉県東松山市、8月、高さ4cm。

サナギタケ（蛹茸）

バッカクキン科トウチュウカソウ属
Cordyceps militaris (Vuill.) Fr.

◆子実体：マメザヤタケ型で小型。完全型。
◆頭部：紡錘形。色は橙黄色。表面は細粒状。肉は柔軟。
◆子のう殻：頭部の表面にある無数の細粒で、内面に子実層がある。
◆柄：円筒形で、中実。地中の蛾の幼虫または蛹につらなり、色は頭部より淡色、表面には皺があり、肉は軟質。
◆味・におい：無臭。無味。
◆胞子：糸状で多細胞の胞子（糸状胞子）は、隔壁で切れて多数のきわめて小型の胞子（二次胞子）となる。胞子紋は白。
◆発生：夏から秋に、雑木林内の地上に発生する。寄生菌一匹の蛹から数本が発生することもある。
◆食毒等：食毒不明。
☆完全型は有性生殖により、子のう中に胞子をつくる。また、中華料理の食材や生薬に利用されるのは、同じ属のコウモリガに寄生する冬虫夏草（*C. sinensis*）で、チベットなどに生息している。

ハナサナギタケ　左上＝東京都檜原村、11月　高さ2cm。コナサナギタケ　左下＝埼玉県さいたま市、11月、高さ2cm。

ツクツクボウシタケ　右上・右下＝いずれも東京都目黒区、8月。右上は高さ2.5cm。右下は高さ4cm。

ツクツクボウシタケ（寒蟬茸）

Paecilomyces cicadae (Miquel) Samson
スチルベラ科マユダマタケ属

◆ 子実体：ハナサナギタケ型で小型。不完全型。
◆ 頭部：樹枝状に分岐し、表面に白粉状に分生子がつく。
◆ 柄：円柱形で、地中のツクツクボウシの幼虫につらなる。色は淡黄色で、表面は平滑。
◆ 味・におい：無味。無臭。
◆ 分生子：楕円形、小型で、表面は平滑。胞子紋は白。
◆ 発生：初夏から秋に、湿り気のある地に発生する。ときには同じ樹下に数十本が発生することもある。
寄生菌。

ハナサナギタケ（花蛹茸）

P. tenuipes (Peck) Samson
スチルベラ科マユダマタケ属

本種は頭部が樹枝状に分岐し、蛾の幼虫や蛹から発生する。不完全型。

コナサナギタケ（粉蛹茸）

P. farinosus (Holm ex Gray) Brown & Smith
スチルベラ科マユダマタケ属

クモタケ　下＝東京都目黒区、7月、高さ5cm。右上＝トタテグモの巣袋から子実体が発生し、表面に分生子ができる。

クモタケ（蜘蛛茸）

スチルベラ科ノムラエ属
Nomuraea atypicola (Yasuda) Samson

本種は頭部が分岐せず、蛾の幼虫や蛹から発生する。不完全型。

◆子実体：ハナサナギタケ型で小型。不完全型。
◆頭部：棍棒形。表面には粉状で帯ピンク灰色の分生子がつく。◆柄：円筒形で、地中のトタテグモにつらなる。色は淡黄色で、表面は平滑、肉質は柔軟。◆味・におい：無味。無臭。◆分生子：円柱形、小型で、表面は平滑。胞子紋は淡ピンク色。
◆発生：初夏から秋に、水辺の石垣や湿り気のある地上に、地中の巣袋中のトタテグモから発生する。寄生菌。
◆食毒等：食毒不明。
☆不完全型は有性生殖を経ず、無性的に胞子（分生子）をつくる。完全型の世代を持つ種もある。本種の完全型はイリオモテクモタケ (*Cordyceps cylindrica*) であるとわかっている。

オサムシタケ　いずれも東京都目黒区、7月、オサムシの身長3.5cm。左上＝枝分かれした分生子柄の先に、白粉状の分生子がつく。

オサムシタケ（筬虫茸）

スチルベラ科ティラクリディオプシス属
Tilachlidiopsis nigra Yakushiji & Kumazawa

◆子実体：ハナサナギタケ型で小型。不完全型。
◆頭部：樹枝状に枝分かれし、先端の球形部付近に白粉状の分生子がつく。
◆柄：細長い針金状で、基部は地中のオサムシにつらなる。色は黒色で、表面には光沢がある。肉は硬い革質。
◆分生子：円柱形、中型で、表面は平滑。胞子紋は白。
◆味・におい：無味。無臭。
◆発生：初夏から秋に、雑木林内の地上に、地中のオサムシの成虫、蛹、幼虫から発生する。寄生菌。
☆本種の完全型はオサムシタンポタケ（*Cordyceps entomorrhiza*）であるとわかっている。

カエンタケ　東京都八王子市、7月、高さ8cm。

カエンタケ（火炎茸）

ニクザキン科ポドストローマ属
Podostroma cornu-damae (Pat.) Boedijn

◆ 子実体：マメザヤタケ型で中型。形からしだいに枝分かれし、珊瑚形となる。色は鮮やかな朱紅色で、表面は細粒状。肉は白く、硬い革質。 ◆ 子のう殻：頭部の表面にある無数の細粒で、内面に子実層がある。 ◆ 頭部：棍棒で、表面は細かい刺でおおわれる。 ◆ 柄：頭部と同色で、境が不明瞭。表面は平滑。肉は頭部と同様。 ◆ 胞子：不定形、小型味・におい：無味。無臭。無色。

◆ 発生：初夏から秋に、コナラなど、広葉樹の切り株やその近くの地上に発生する。

◆ 食毒等：猛毒菌。食後15～30分で嘔吐・下痢などの症状が現れ、やがて腎不全、肝不全、血液凝固などが起き、さらに小脳萎縮という特異な症状が起こる。

☆赤珊瑚のように美しいきのこだが、毒性が強く、また、どこにでも発生する可能性があるので注意が肝要である。

クロコブタケ　左下＝東京都多摩市、7月、径0.6cm。

チャコブタケ　上＝東京都文京区、6月、径0.8cm。
右下＝切断面には同心円紋がある。

チャコブタケ（茶瘤茸）

Daldinia concentrica (Bolt.) Ces. & de Not.

クロサイワイタケ科チャコブタケ属

◆子実体（子座）‥マメザヤタケ型で小型。半球形または瘤形。色は赤褐色または暗赤褐色で、表面は細粒状。肉は硬い木質で、切断面には黒褐色の濃淡の同心円紋がある。◆子のう殻‥子実体がある。表面にある無数の細粒で、内面に子実層がある。◆味・におい‥無味。無臭。◆胞子‥紡錘形、大型で、表面は平滑。胞子紋は黒。

◆発生‥春から秋に、広葉樹の枯れ木や倒木上に群生する。

クロコブタケ（黒瘤茸）

Hypoxylon truncatum (Schw.: Fr.) Miller

クロサイワイタケ科ヒポキシロン属

前種チャコブタケに似るが、本種の色は黒褐色で、表面には粒状の凸凹がある。切断面には濃淡の放射線紋がある。

マメザヤタケ 上=倒木上に群生する。東京都文京区、7月、高さ5cm。左下=東京都多摩市、9月、高さ6cm。右下=表面は粒状。

マメザヤタケ（豆莢茸）

クロサイワイタケ科マメザヤタケ属
Xylaria polymorpha (Pers.) Grev.

◆**子実体**：マメザヤタケ型で、小型から中型。 ◆**頭部**：棍棒形、へら形など、形には変異が多い。色は黒く、表面には無数の細粒がある。肉は白く、硬い木質。 ◆**子のう殻**：頭部の表面にある無数の細粒で、内面に子実層がある。 ◆**柄**：頭部と同色で、境が不明瞭。表面は平滑。肉は白く、硬い木質。 ◆**味・におい**：無味。無臭。 ◆**胞子**：紡錘形、きわめて大型で、表面は平滑。胞子紋は黒。 ◆**発生**：春から秋に、広葉樹の枯れ木の根際、倒木、切り株やその周辺の地上に群生する。

参考図書

図鑑類

青木　実　『日本きのこ図版』日本きのこ同好会、一九六六年

青木　実　『日本きのこ検索図版』日本きのこ同好会、一九九七年

五十嵐恒夫　『北海道のキノコ』北海道新聞社、二〇〇六年

伊藤誠哉　『日本菌類誌』第二巻第四号、養賢堂、一九五五年

伊藤誠哉　『日本菌類誌』第二巻第五号、養賢堂、一九五九年

今関六也・大谷吉雄・他　『山溪カラー名鑑 日本のきのこ』山と溪谷社、一九八八年

今関六也・本郷次雄・椿啓介　『菌類』保育社、一九七八年

今関六也・本郷次雄　『原色日本新菌類図鑑 I』保育社、一九八七年

今関六也・本郷次雄　『原色日本新菌類図鑑 II』保育社、一九八九年

川村清一　『原色日本菌類図鑑 全八巻』風間書房、一九七〇年

城川四郎著・神奈川キノコの会編　『猿の腰掛け類きのこ図鑑』地球社、一九九六年

清水大典　『原色冬虫夏草図鑑』誠文堂新光社、一九九四年

高橋郁男　『北海道きのこ図鑑』亜璃西社、一九九一年

出川洋介・他　『生田緑地のきのこ』川崎市青少年科学館、二〇〇六年

長沢栄史　『フィールドベスト図鑑 日本の毒きのこ』学習研究社、二〇〇三年

本郷次雄監修・池田良幸著　『石川のきのこ図鑑』北國新聞社出版局、一九九六年

本郷次雄監修・池田良幸著　『北陸のきのこ図鑑』橋本確文堂、二〇〇五年
本郷次雄・上田俊穂　『きのこ』山と溪谷社、一九九四年
本郷次雄・他監修・工藤伸一・他著　『青森のきのこ』グラフ青森、一九九八年
本郷次雄監修・幼菌の会編　『カラー版きのこ図鑑』家の光協会、二〇〇一年
松川　仁　『キノコ方言原寸原色図譜』東京新聞出版局、一九八〇年
吉見昭一・高山　栄　『京都のキノコ図鑑』京都新聞社、一九八六年
前川二郎監修・レソェ著『世界のキノコ図鑑』新樹社、二〇〇五年
J. Breitenbach, F. Kranzlin, *Fungi of Switzerland 1-6*, Mykologia Luzern, 1984~2005.
M. Sarnari, *Russula in Europa 1~2*, A.M.B, 2005.
R. M. Dähncke, *Pilze*, AT Verlag, 1993.
R. Phillips, *Mushrooms*, Pan Books, 1981.
R. Phillips, *Mushrooms of North America*, Pan Books, 1991

一般書籍

今関六也・本多修朗　『風流キノコ譚』未来社、一九八四年
大舘一夫　『都会のキノコ―身近な公園キノコウォッチングのすすめ―』八坂書房、二〇〇四年
小川　真　『きのこの自然誌』築地書館、一九八三年
小川　真　『キノコは安全な食品か』築地書館、二〇〇三年
奥澤康正・正紀　『きのこの語源・方言辞典』山と溪谷社、一九九八年
金子　繁・他　『ブナ林をはぐくむ菌類』文一総合出版、一九九八年
岩槻邦男・馬渡峻輔監修・杉山純多編　『菌類・細菌・ウイルスの多様性と系統』裳華房、二〇〇五年

寺川博典『菌類の系統進化』東京大学出版会、一九七八年

土井祥兒『キノコ・カビの生態と観察』築地書館、一九七七年

吹春俊光文・大作晃一写真『見つけて楽しむきのこワンダーランド』山と渓谷社、二〇〇四年

本郷次雄『きのこの細道』トンボ出版、二〇〇三年

松川　仁『茸の手帳』ひまわり社、一九七七年

C. J. Alexopoulos, C. W. Mims & M. Blackwell, *Introductory Mycology*, Wiley, 1996.

D・W・ウォルフ著／長野・他訳『地中生命の驚異』青土社、二〇〇三年

N. W. Legon & A. Henrici, *Checklist of the British & Irish Basidiomycota*, Kew, 2005.

R. Singer, *The Agaricales in Modern Taxonomy*, K. S. B., 1986.

violeipes 149
virescens 150

Schizophyllum commune 26
Scleroderma areolatum 214
Scleromitrula shiraiana 239
Sebacina incrustans 232
Sphaerobolus stellatus 215
Stereum gausapatum 176
　ostrea 177
Strobilomyces strobilaceus 138
Stropharia rugosoannulata 100
　f. *lutea* 100
Suillus granulatus 124
　luteus 123
　placidus 124

Tilachlidiopsis nigra 252
Trametes elegans 194
　gibbosa 194
　orientalis 195
Tremella foliacea 231
　fuciformis 231
Trichaptum byssogenum 199

Tricholoma fulvum 41
　japonicum 40
　myomyces 39
　ustale 41
Tricholomopsis rutilans 37
Tricholosporum porphyrophyllum 38
Tylopilus chromapes 132
　eximius 133
　neofelleus 134
　valens 135
　virens 132
Tyromyces chioneus 190

Volvariella speciosa 76
　subtaylori 76

Wynnea gigantea 243

Xerocomus astraeicola 125
Xeromphalina campanella 54
Xylaria polymorpha 255
Xylobolus spectabilis 176

Lentinus lepideus 27
Lenzites betulina 198
Lepiota acutesquamosa 84
Lepista nuda 36
    sordida 36
Leucoagaricus meleagris 81
    rubrotinctus 80
Linderia bicolumnata 224
Loweporus pubertatis 205
Lycoperdon perlatum 220
Lyophyllum decastes 31
Lysurus mokusin 222

Macrolepiota procera 79
Macrolepiota sp. 79
Marasmius maximus 50
    creades 50
    pulcherripes 51
    purpureostriatus 51
Melanoleuca melaleuca 46
Melastiza chateri 247
Microporus affinis 185
    vernicipes 185
Microstoma floccosum 242
Morchella conica 246
    esculenta 245
        var. *umbrina* 245
Mycena galericulata 52
    pura 52

Nidula niveotomentosa 216
Nomuraea atypicola 251

Oudemansiella radicata 49

Paecilomyces cicadae 250
    farinosus 250
    tenuipes 250
Panus rudis 25
Paxillus curtisii 120
    panuoides 120
Perenniporia fraxinea 204
Peziza praetervisa 248

    vesiculosa 248
Phallus inpudicus 225
    rugulosus 226
Phellinus gilvus 210
Phlebia tremellosa 178
Pholiota squarrosa 103
    terrestris 104
Phylloporus bellus 126
        var. *cyanescens* 126
Pleurotus djamor var. *roseus* 24
    ostreatus 24
Pluteus atricapillus 77
    leoninus 78
Podostroma cornu-damae 253
Polyporus alveolarius 183
    arcularius 183
    emerici 184
    squamosus 182
Porostereum crassum 175
Psathyrella candolleana 92
    velutina 93
Pseudocolus schellenbergiae 223
Pterula multifida 171
Pulcherricium caeruleum 174
Pycnoporus coccineus 192

Ramariopsis kuntzei 172
Rhizopogon rubescens 228
Russula alboareolata 151
    aurea 153
    bella 148
    chloroides 141
    cyanoxantha 147
    densifolia 143
    emetica 152
    foetens 144
    japonica 142
    laurocerasi 144
    nigricans 143
    pectinatoides 146
    pseudointegra 153
    senecis 145
    sororia 146

Cordyceps militaris 249
   cinensis 249
   cylindrica 251
   entomorrhiza 252
Coriolopsis strumosa 181
Coriolus brevis 197
   hirsutus 196
   versicolor 196
Cortinarius prunicola 111
   purpurascens 110
Craterellus cornucopioides 169
Crepidotus badiofloccosus 114
Cryptoporus volvatus 186
Cyathus stercoreus 216

Daedalea dickinsii 193
Daedaleopsis styracina 203
   tricolor 202
Daldinia concentrica 254

Entoloma clypeatum 118
   murraii 115
   quadratum 115
   rhodopolium 116
   sarcopum 117
   sinuatum 116
Entoloma sp. 119
Exidia glandulosa 235
   uvapassa 234

Filoboletus manipularis 53
Fistulina hepatica 179
Flammulina velutipes 55

Galiella celebica 241
Ganoderma applanatum 207
   lucidum 206
Geastrum triplex 217
Gerronema nemorale 45
Grifola frondosa 188
Guepinia spathularia 236
Gymnopilus aeruginosus 112
   spectabilis 113

Gyroporus castaneus 121

Hebeloma sacchariolens 109
Heimiella japonica 139
Helvella elastica 244
   lacunosa 244
Heterobasidion insularis 201
Hydnophlebia chrysorhiza 174
Hygrocybe conica 28
   ovina 29
Hypholoma fasciculare 102
   sublateritium 101
Hypoxylon truncatum 254

Ileodictyon gracile 221
Inocybe asterospora 106
   fastigiata 106
   kobayasii 107
   umbratica 108
Inonotus sacaurusu 209

Kobayasia nipponica 227

Laccaria amethystea 33
   laccata 33
   vinaceoavellanea 34
Lactarius akahatsu 160
   chrysorrheus 160
   circellatus f. *distantifolius* 159
   hygrophoroides 158
   laeticolor 161
   lividatus 162
   piperatus 155
   subpiperatus 155
   subvelleus 156
   subzonarius 157
   vellereus 156
   volemus 158
Lactarius sp. 163
Laetiporus versisporus 189
Lanopila nipponica 218
Leccinum extremiorientale 136
   griseum 137

学名索引

太字の数字は、見出しに取り上げ、写真を掲載していることを示す。

Aboriporus biennis 187
Agaricus abruptibulbus 83
 praeclaresquamosus 83
 subrutilescens 82
Agrocybe arvalis 98
 cylindracea 97
 erebia 96
 farinacea 95
 praecox 95
Albatrellus caeruleoporus 180
Amanita ceciliae 63
 esculenta 66
 farinosa 56
 hemibapha 64
 javanica 65
 kotohiraensis 75
 longistriata 67
 neo-ovoidea 71
 orientogemmata 60
 pantherina 57
 pseudoporphyria 69
 rubescens 72
 spissacea 73
 sychnopyramis f. *subannulata* 57
 vaginata 61
  var. *fulva* 61
  var. *punctata* 62
 virgineoides 74
 virosa 68
 volvata 70
Armillaria gallica 42
 mellea subsp. *nipponica* 42
 tabescens 43
Asterophora lycoperdoides 32
Astraeus hygrometricus 213
Auricularia auricula 233
 polytricha 233

Bjerkandera adusta 200
 fumosa 200
Bolbitius vitellinus 94
Boletus auripes 130
 ornatipes 129
 pseudocalopus 131
 reticulatus 127
 violaceofuscus 128
Bovista plumbea 220

Cantharellus cibarius 167
 cinnabarinus 168
 minor 167
Cerrena unicolor 198
Ciborinia camelliae 240
Clavaria purpurea 170
 vermicularis 170
Clavatia craniiformis 219
Clavulina cristata 173
 rugosa 173
Clitocybe nebularis 35
Collybia butyracea 47
 confluens 48
 dryophila 48
Coltricia cinnamomea 191
Conocybe fragilis 99
 lactea 99
Coprinus atramentarius 87
 comatus 86
 disseminatus 91
 micaceus 90
 radians 90
 rhizophorus 89
Coprinus sp. 88

ムラサキナギナタタケ　170
ムラサキヤマドリタケ　128
モエギタケ科　100
モチゲチチタケ　163
モミジウロコタケ　176
モモハツ　149
モリノカレバタケ　48

【ヤ　行】
ヤグラタケ　32

ヤケイロタケ　200
ヤナギマツタケ　97
ヤマドリタケモドキ　127
ヤワナラタケ　42

【ラ行・ワ行】
レンガタケ　201
ロウタケ　232
ワタゲナラタケ　42

ニクロスバタケ 197
ニクロチワタケ 187
ニクギキン科 253
ニシニタケ 153
ニセアシベニイグチ 131
ニセセオサハツ 146
ニセショウロ科 214
ニッケイタケ 191
ニンギョウタケモドキ科 180
ヌメリイグチ 122, 123
ヌメリガサ科 28
ネンドタケ 210
ノウタケ 219
ノボリリュウタケ科 244

【ハ 行】
ハイイロシメジ 35
ハタケコガサタケ 99
ハタケシメジ 31
ハタケチャダイゴケ 216
ハチノスタケ 183
バッカクキン科 249
ハツタケ 162
ハナオチバタケ 51
ハナナナギタケ 250
ハナゾラニカワタケ 231
ハマシメジ 39, 44
ハラタケ科 79
ハルシメジ 118
ヒイロタケ 192
ヒイロハリタケ 174
ヒダサカズキタケ 45
ヒダハタケ科 120
ヒトクチタケ 186
ヒトヨタケ 87
ヒトヨタケ科 86
ヒナアンズタケ 167
ヒビワレシロハツ 151
ヒメカタショウロ 214
ヒメカバイロタケ 54
ヒメキクラゲ 235
ヒメキクラゲ科 234
ヒメコナカブリツルタケ 56

ヒメツチグリ科 217
ヒメモグサタケ 200
ヒメワカフサタケ 109
ヒラタケ 24
ヒラタケ科 24
ヒラフスベ 189
ピロネマキン科 247
ヒロハシデチチタケ 159
ヒロハチチタケ 158
フウセンタケ科 106
フクロツルタケ 70
フサタケ 171
フジイロチャワンタケモドキ 248
フミヅキタケ 95
プロトファルス科 227
ベッコウタケ 204
ベニイグチ 139
ベニウスタケ 168
ベニサラタケ 247
ベニタケ科 141
ベニチャワンタケ科 242
ベニヒダタケ 78
ヘビキノコモドキ 73
ホウネンタケ 205
ホウロクタケ 193
ホオベニシロアシイグチ 135
ホコリタケ 220
ホコリタケ科 218
ホソネヒヨタケ 89

【マ 行】
マイタケ 188
マツオウジ 27
マメザヤタケ 255
マントカラカサタケ 79
マンネンタケ 206
マンネンタケ科 206
ミダレアミタケ 198
ミドリスギタケ 112
ミドリニガイグチ 132
ミミブサタケ 243
ムジナタケ 93
ムラサキシメジ 36

シャクシタケ 209
シュイロハツ 153
ショウロ 228
ショウロ科 228
シラゲタケ 199
シラタマタケ 227
シロオニタケ 74
シロキクラゲ 231
シロキクラゲ科 231
シロキツネノサカズキ 242
シロシメジ 40
シロソウメンタケ 170
シロソウメンタケ科 170
シロテングタケ 71
シロニセトマヤタケ 108
シロハツ 141
シロハツモドキ 142
シロヒメホウキタケ 172
シロフクロタケ 76
シワタケ 178
シワタケ科 178
シワナシキオキナタケ 94
スエヒロタケ 26
スギタケ 103
スジウチワタケモドキ 184
スジオチバタケ 51
スチルベラ科 250
スッポンタケ 225
スッポンタケ科 225
スミゾメヤマイグチ 137
センベイタケ 181

【タ 行】
タコウキン科 181
タバコウロコタケ科 209
タマキクラゲ 234
タマゴタケ 64
タマゴテングタケモドキ 67
タマノリイグチ 125
タマハジキタケ 215
タマハジキタケ科 215
タマムクエタケ 98
チウロコタケ 176

チチアワタケ 124
チチタケ 158
チャアミガサタケ 245
チャウロコタケ 177
チャカイガラタケ 202
チャコブタケ 254
チャダイゴケ科 216
チャヒラタケ科 114
チャワンタケ科 248
チリメンタケ 194
ツエタケ 49
ツクツクボウシタケ 250
ツチカブリ 155
ツチカブリモドキ 155
ツチグリ 213
ツチグリ科 213
ツチスギタケ 104
ツチナメコ 96
ツノマタタケ 236
ツバキキンカクチャワンタケ 240
ツバナシフミヅキタケ 95
ツブカラカサタケ 81
ツマミタケ 222
ツヤウチワタケ 185
ツルタケ 61
テングタケ 57
テングタケ科 56
テングタケダマシ 57
テングツルタケ 63
ドウシンタケ 66
トガリアミガサタケ 246
トキイロヒラタケ 24
ドクツルタケ 68
ドクベニタケ 152

【ナ 行】
ナカグロモリノカサ 83
ナラタケ 42
ナラタケモドキ 43
ニオイコベニタケ 148
ニオイワチチタケ 157
ニガイグチモドキ 134
ニガクリタケ 102

カエンタケ 253
カキシメジ 41
カゴタケ 221
カニノツメ 224
カバイロツルタケ 61
カブラアセタケ 106
カミウロコタケ 175
カラカサタケ 79
カレエダタケ 173
カレエダタケ科 173
カレエダタケモドキ 173
カレバキツネタケ 34
カワムラフウセンタケ 110
カワラタケ 196
カワリハツ 147
カンゾウタケ 179
カンゾウタケ科 179
ガンタケ 72
キアミアシイグチ 129, 140
キイボカサタケ 115
キクラゲ 233
キクラゲ科 233
キコガサタケ 99
キサケツバタケ 100
キシメジ科 31
キタマゴタケ 65
キチチタケ 160
キチャハツ 146
キツネタケ 33
キツネノタイマツ 226
キツネノチャブクロ 220
キツネノヤリタケ 239
キヒダタケ 126
キヒダマツシメジ 41
キララタケ 90
キンカクキン科 239
クサウラベニタケ 116
クサハツ 144
クサハツモドキ 144
クシノハタケモドキ 146
クジラタケ 195
クヌギタケ 52
クモタケ 251

クリイロイグチ 121
クリゲノチャヒラタケ 114
クリタケ 101
クロコブタケ 254
クロサイワイタケ科 254
クロチャワンタケ科 241
クロノボリリュウタケ 244
クロハツ 143
クロハツモドキ 143
クロラッパタケ 169
ケショウハツ 149
ケシロハツ 156
ケシロハツモドキ 156
ケヤキハルシメジ 119
コウヤクタケ科 174
コガネヤマドリ 130
コキララタケ 90
コザラミノシメジ 46
コチャダイゴケ 216
コテングタケモドキ 69
コトヒラシロテングタケ 75
コナサナギタケ 250
コバヤシアセタケ 107
コフキサルノコシカケ 207
コフクロタケ 76
コムラサキシメジ 36
ゴヨウイグチ 124

【サ 行】
サクラタケ 52
サケツバタケ 100
サケバタケ 120
ササクレヒトヨタケ 86
サジタケ 209
サナギタケ 249
サマツモドキ 37
ザラエノハラタケ 82
ザラエノヒトヨタケ 88
サンコタケ 223
シカタケ 77
シバフタケ 50
シバフダンゴタケ 220
シメジモドキ 118

和名索引

太字の数字は、見出しに取り上げ、写真を掲載していることを示す。

【ア 行】
アイコウヤクタケ 174
アイタケ 150
アイバシロハツ 141
アオロウジ 180
アカイボカサタケ 115
アカカゴタケ科 221
アカキクラゲ科 236
アカキツネガサ 80
アカハツ 160
アカハテングタケ 67
アカモミタケ 161
アカヤマタケ 28
アカヤマドリ 136
アケボノアワタケ 132
アシボソノボリリュウタケ 244
アマタケ 48
アミガサタケ 245
アミガサタケ科 245
アミスギタケ 183
アミヒカリタケ 53
アミヒラタケ 182
アラゲカワキタケ 25
アラゲカワラタケ 196
アラゲキクラゲ 233
アンズタケ 167
アンズタケ科 167
イグチ科 121
イタチタケ 92
イチョウタケ 120
イッポンシメジ 116
イッポンシメジ科 115
イヌセンボンタケ 91
イリオモテクロモタケ 251
イロガワリキヒダタケ 126
ウスキテングタケ 60

ウスキモリノカサ 83
ウチワタケ 185
ウメウスフジフウセンタケ 111
ウラグロニガイグチ 133
ウラベニガサ 77
ウラベニガサ科 76
ウラベニホテイシメジ 117
ウラムラサキ 33
ウラムラサキシメジ 38
ウロコタケ科 175
エゴノキタケ 203
エセオリミキ 47
エノキタケ 55
エリマキツチガキ 217
エリマキツチグリ 217
オオキヌハダトマヤタケ 106
オオゴムタケ 241
オオチャワンタケ 248
オオチリメンタケ 194
オオツルタケ 62
オオヒメノカサ 29
オオホウライタケ 50
オオワライタケ 113
オキナクサハツ 145
オキナタケ科 94
オサムシタケ 252
オサムシタンポタケ 252
オシロイタケ 190
オニイグチ 138
オニイグチ科 138
オニタケ 84
オニフスベ 218
オリーブサカズキタケ 45

【カ 行】
カイガラタケ 198

〈監修〉

大舘 一夫（おおだて・かずお）

一九四〇年東京に生まれる。一九六八年ICU大学院修士課程修了。元 都立高校教諭、私立大学講師。

現「キノコ入門」講座スタッフ。「緑と水」の市民カレッジ・他市民講座講師。

日本菌学会・自然と共に生きる会・埼玉きのこ研究会（副会長）・菌類懇話会等会員。

著書『都会のキノコ―身近な公園キノコウォッチングのすすめ―』八坂書房、二〇〇四年。

長谷川 明（はせがわ・あきら）

一九四八年新潟に生まれる。一九七二年法政大学卒業。

現 地方公務員。「キノコ入門」講座専任講師・スタッフ。

日本菌学会・自然と共に生きる会・埼玉きのこ研究会・菌類懇話会等会員。

著者一覧（五十音順）

「都会のキノコ図鑑」刊行委員会（「キノコ入門」講座スタッフ）

大舘一夫　写真・キクラゲ類・チャワンタケ類担当。

大舘くみ　写真・きのこ料理担当。

岡田宗男　イラスト担当。

木原正博　顕微鏡写真・ヒヨウタケ科・ハラタケ科担当。

八口㤗介　写真・腹菌類担当。

三枝せい　きのこ料理担当。

真藤憲政　写真・テングタケ科担当。

土井甲太郎　写真・ヒダナシタケ類・ナラタケ属担当。

土井倫平　写真・ベニタケ科担当。

根上典子　有毒菌担当。

根上明士　写真・キシメジ科担当。

長谷川明　写真・ハラタケ類担当。

塀内 功　写真・観察会記録担当。

堀田依利　写真・イグチ科担当。

制作協力（敬称略・五十音順）

浅井郁夫・麻生敬・安達多久子・大西孝一・日田千代子

「キノコ入門」講座修了生

国営武蔵丘陵森林公園

駒場野自然クラブ

埼玉きのこ研究会

自然と共に生きる会

世田谷トラストまちづくり

浜離宮恩賜庭園

東京都公園協会「緑と水」の市民カレッジ

「キノコ入門」講座ホームページ

キノコ入門　http://www016.upp.so-net.ne.jp/nyumon/

都会のキノコ図鑑

2007年5月25日　初版第1刷発行

|監　修|大　舘　一　夫|
|長谷川　　明|
|発行者|八　坂　立　人|
|印刷・製本|モリモト印刷（株）|

発行所　（株）八坂書房
〒101-0064 東京都千代田区猿楽町1-4-11
TEL.03-3293-7975　FAX.03-3293-7977
郵便振替口座　00150-8-33915
http://www.yasakashobo.co.jp

ISBN 978-4-89694-891-2　落丁・乱丁はお取り替えいたします。
無断複製・転載を禁ず。

©2007　Ohdate Kazuo, Hasegawa Akira

◆ 関連書籍のご案内

図説 植物用語事典
清水建美著　A5　3000円

植物を観察し、見分けるときに必要となる植物用語約1300を取り上げて、具体的な例を挙げながら、その意味や分類上の重要性などをやさしく解説する。豊富な写真と図版を取り入れて初心者にもわかりやすく構成した、植物観察の必携本。

花ごよみ花だより
編集部編　四六　2000円

今日はどんな花が咲いているのだろう？　野原や河原、道端などに咲くものを中心に、日本の代表的な花を一年366日にあてはめて、鮮明でカラー写真で紹介。花の姿形・生い立ち・命名の由来などの解説に、花言葉や花の英名や学名を添えた、知識満載の花のカレンダー。

花ごよみ365
編集部編　四六　2000円

季節ごとの花、野菜、果物を一日一頁、美しい写真で紹介。花の姿形、おいたち、命名の由来、和・英名、方言など役立つ情報満載！　好評『花ごよみ花だより』の姉妹編。

＊価格は税別価格

◆ 関連書籍のご案内

都会の木の花図鑑

石井誠治著　四六　2000円

公園や街路、庭先や生垣で見かける樹木250種あまりを取りあげ、それぞれの名前の由来やおもしろい性質、ちょっと便利な利用法や手入れ法など、知って得する情報満載。身近な樹木図鑑の決定版！

都会の草花図鑑

秋山久美子著　四六　2000円

公園や空き地、庭先や広場で見かける草花300種あまりを取りあげ、それぞれの名前の由来や原産地、おもしろい性質や薬効、ちょっと便利な利用法など、知って得する情報満載。都会の草花図鑑の決定版！

都会の木の実　草の実図鑑

石井桃子著　四六　2000円

公園や街路樹、空き地や広場、庭先などで見かける身近な植物200種あまりを収録。タネや果実の持つおもしろい性質や形を紹介。アリや鳥などとの関係、薬効、ちょっと便利な利用法など、知って得する情報満載！

＊価格は税別価格

◆ 関連書籍のご案内

都会のキノコ
――身近な公園キノコウォッチングのすすめ

大舘一夫著　四六　1800円

公園の芝生や植え込み、街路樹や住宅地の斜面、川原の土手などなど、わずかに残された自然空間にしたたかに生きるきのこ達の姿を紹介し、街に居ながらにして、きのこを楽しむ方法を伝授する、意外な発見満載本。都会のキノコ一〇〇選をカラーで収録。

森のきのこたち
――種類と生態

柴田尚著　A5　2000円

富士山、八ヶ岳など亜高山帯にある森林を中心に、そこに生きるきのこをカラーで紹介する。分布、発生地、発生季節、特徴などを解説するとともに、なぜそこにきのこが生えているのか、樹木の種類によって生えるきのこが違う理由、きのこによってわかる森の生態や性格などを詳説。

きのこ博物館

根田仁著　四六　2000円

シイタケ、シメジ、マツタケ、ヒラタケ、マンネンタケ、サルノコシカケ、ツキヨタケなど、食用・薬用から毒きのこまでを多数取り上げ、名前の由来や利用の仕方、故事来歴などを幅広く紹介。身近なきのこと人の関わりを語り尽くす。

※価格は税別価格